# 藤椒风味菜

编著·赵跃军

摄影·蔡名雄

# 藤椒风味菜

**編著**・ 趙躍軍

**菜品製作**・ 趙躍軍 / 金院生

**策畫 / 攝影**・ 蔡名雄（老照片及部分圖片由幺麻子公司提供）

**發行人**・ 蔡名雄

**執行主編**・ 蔡名雄

**文字校稿**・ 林美齡

**出版發行**・ 賽尚圖文事業有限公司　300 新竹市中華路六段 459 巷 1 弄 3 號

（電話）03-5181860　（傳真）03-5181862

（網址）www.tsais-idea.com.tw

**賽尚玩味市集（網路賣場）** http://www.pcstore.com.tw/tsaisidea/

**排版設計**・NanaHsu

**數位影像管理**・蔡名雄

**總經銷**・ 紅螞蟻圖書有限公司

臺北市 114 內湖區舊宗路 2 段 121 巷 19 號（紅螞蟻資訊大樓）

（電話）02-2795-3656　（傳真）02-2795-4100

出版日期 ・2019 年（民 108）4 月 初版一刷

ISBN：978-986-6527-449 訂價 ・NT.520 元

**參考資料：**

明 ・ 嘉靖《洪雅縣志》明 ・ 束載修 / 明 ・ 張可述纂

清 ・ 嘉慶《洪雅縣志》清 ・ 郭世棻修 / 清 ・ 鄧敏修等纂

1997 年版《洪雅縣志》洪雅縣地方誌編纂委員會編著

《洪雅地名趣談》作者：李成忠

《舌尖上的洪雅文化》作者：李成忠

《四川花椒》作者：蔡名雄

# 怪蔿序❶
# 藤椒美味正當時

　　藤椒種植和食用藥用的歷史悠久，藤椒油在飲食行業中的應用也很廣泛，但是「藤椒美食」這個新概念的橫空出世卻有點時空穿越的感覺。大牌餐飲企業多將主打產品、明星產品與藤椒滋味對接，形成當下風靡的時尚美味，不論是西式速食的藤椒漢堡，還是大眾版的藤椒速食麵，不論是風味食品藤椒雞、藤椒魚，還是高大上的藤椒蟹粉、藤椒罐燜四寶，名師大廚嘔心瀝血、絞盡腦汁，都希望把自己的「拿手菜」加掛藤椒桂冠隆重出場，因為消費市場有需求，大眾消費有興趣，市場決定了供給側的深化改革、餐飲服務的拓展升級，美食產品的與時俱進。

　　2019年中國餐飲消費已經跨入了四萬億的新時代，並且餐飲消費的增速在社會商品零售總額中處在領跑地位。在中國烹飪協會的餐飲消費調查報告中可以發現，更多消費者關注體驗式就餐、關心食材的新鮮和營養價值，更能欣賞傳統美食的當代風采。

　　藤椒油的製作對藤椒樹種植環境有嚴格要求、採摘加工有時間限制，再運用得到完整保護利用與傳承發展的非物質文化遺產「藤椒油燜製工藝」製作而成的健康調味油食材，風味絕佳，烹飪應用時簡繁皆宜，適用性廣。

　　今日藤椒油已不只是洪雅的地方風味，而是全國餐飲界的寵物，厚愛有加。2018年藤椒採摘季節，來到四川的洪雅，近距離參觀了幺麻子藤椒油加工過程，特別是在藤椒收購這個多數消費者看不見的環節讓我內心震撼，無數的藤椒農戶肩扛背馱、車推輪送、挑燈夜戰，為的就是把當天採摘的藤椒籽在最佳狀態下送到加工廠，工廠也是連夜加工、刻不容緩進行生產，好像產婦臨盆一樣萬分小心侍候著。當充滿芳香氣息、晶瑩剔透的藤椒油呈現在我們面前的時候，無數的農戶和藤椒油生產工人都會在消費者滿意的笑容中找到他們的驕傲和幸福。

　　中國美食已經成為中國文化在海內外的第一元素，中國美食是中國文化的基礎和內涵，中國美食是老百姓舌尖上的記憶和鄉愁，中國美食是新時代人民群眾美好生活體現與分享的落腳點。習近平總書記講：綠水青山就是金山銀山。而藤椒油對中菜來說就是那金山銀山裡的綠水青山。

**馮恩援**
中國烹飪協會副會長
2019年元月6日於北京

# 推薦序 ❷
## 有故事的藤椒油

「採摘十粒鮮果，浸出一滴好油。」如今，越來越多的消費者和藤椒油結下美食之緣。從涼菜到熱菜，從燒烤到火鍋，都可以發現藤椒油的身影。藤椒油，是頗受當前食客歡迎的調味油。

四川洪雅縣自古盛產藤椒，每年六、七月藤椒成熟時，洪雅百姓都會閟製藤椒油，用於做豆花蘸水、涼拌雞肉、烹製河鮮等調味。在相當長的時間裡，由於加工技術和市場行銷的侷限，藤椒油只出現在洪雅地區的餐桌上，對更廣闊的國內外消費市場來說，還是「藏在深山人未識」。

2017年陽春三月，作為中國科普作家協會尋覓藤椒文化的考察組成員之一，我來到位於洪雅縣止戈鎮的洪雅藤椒文化博物館，對藤椒油進行科普考察。洪雅藤椒文化博物館2010年創建並免費對外開放之後，藤椒油的身世開始廣為人知。那些栩栩如生的銅塑，生動形象再現了清代四川洪雅人採收藤椒和煉製、經營、食用藤椒油的過程。這個過程的形成得感謝一位綽號「幺麻子」的洪雅名廚。據歷史資料記載，「幺麻子」本名趙子固，潛心研究，進而完善「藤椒油閟製工藝」。這是清代順治元年（西元1644年）的事了。

20世紀40年代，幺麻子藤椒油第16代傳人趙良育仍勞作在老作坊裡，沿用祖傳的閟油法：挑選藤椒，憑經驗和悟性控制油溫，淋製後將藤椒和熱油入罐，封閉熬製，正反式翻料，用荷葉封閉罐口後閟油，自然冷卻、沉澱。

2002年，幺麻子藤椒油第18代傳人趙躍軍創辦洪雅縣幺麻子食品有限公司，引領藤椒油產業踏上了高速發展之路。保留藤椒油傳統閟製技法的精髓，融入現代鮮榨加工工藝的先進技術，確保產品自然、純正的本真屬性。在傳承幺麻子缽缽雞等「老字號」名吃的同時，不斷推出各類藤椒菜肴：藤椒魚、藤椒鴨、藤椒小吃、藤椒吊鍋，甚至還有藤椒霜淇淋……

在藤椒油加工、銷售和調味品文化方面取得巨大成功後，趙躍軍積極宣導「廚行天下，愛傳萬家」，成功舉辦無數次的藤椒菜品製作技術交流、學習、比賽，研發藤椒風味宴和關愛廚師等大型公益活動。本書的問世，將令世人更加關注藤椒油的價值：色澤亮麗、口味清爽、麻香濃郁，還有消食健胃、增進食欲的功能。

**單守慶**

中國藥膳協會副會長、資深美食學者、評論家

2019年元月8日

# 推薦序 ③
## 交流，拉近人們的距離

　　我出過好幾本書，而能讓我滿意的攝影師，卻寥寥無幾！有時候想，不是這些攝影師不好！而是我自己太「難搞」，要求的太多了！

　　這二十年來，大雄卻是我最喜歡的一位攝影師，因為總能從他的攝影作品中，尤其在那深層的底處，找到絲絲醞釀文化的「美」。

　　躍軍！更是奇了，他這離臺灣十萬八千里之外的四川洪雅，能與他結識，怎麼可以說不靠一個「緣」字？

　　2014 年，透過何濤會長的引薦，參訪躍軍一手創立、辛苦努力打拼的「幺麻子」，他的稱號，他的產品（藤椒油）對我這個出身臺灣的人來說，都是「陌生」的。

　　在躍軍的接待會中，我被他感動，秉性純樸有愛、忠勤職志、永不退卻。許多勵志名言，幾乎都深烙在他眼角的皺紋上……

　　大雄寫了《四川花椒》及製作發行多本川菜書籍，此次又與躍軍合作，他們二位的結合，更是對四川菜的傳承、發揚，從史觀上、科學研究、論述上產生了極大影響！

　　四川的朋友告訴我，大雄，一個來自臺灣的攝影師，在川菜行業及洪雅鄉下成長的企業家支持下，卻能把四川人沒做到的事完成了！這一跨菜系、跨地域的互信相挺與其說是弘揚川菜，不如更貼切的說，是對中華飲食文化的一種貢獻。

　　躍軍的《藤椒風味菜》一書由大雄負責出版發行，希望能把稀有的「藤椒文化」推廣到臺灣，我樂見其成。因為透過飲食與文化的交流，更能拉近人們的心靈距離，讓臺灣的多元飲食風格再多一種美味！

　　對於大雄的專業呈現、躍軍的事業成就，或許別人會說他們某些部分是「難搞」的，實際上卻可能具有與我一樣的特質，就是挑剔中產生的堅持，以至品質的優異得以保證。

　　而我更期盼的是，透過不斷的交流，幺麻子產品、包裝更上層樓，不僅進軍亞洲，更向國際市場邁進！相信藤椒「這個味兒」出現在米其林三星的餐桌上，也是指日可待的事矣！

**梁幼祥**

知名美食家

2019 年 2 月 16 日于台北

# 怪為序 ❹
## 奇人趙躍軍

　　洪雅的朋友告訴我，說趙躍軍是一位奇人。後來見到趙躍軍，熟悉了趙躍軍，方知朋友所言不謬。所謂「未見奇人，想見其人。見了其人，果然奇人」。

　　趙躍軍的爺爺做得一手好飯菜，並傳給了趙躍軍的父親趙德元。趙德元正直、熱心，加上好廚藝，常被鄉鄰請去操辦紅白喜事。解放後一直擔任生產隊糧倉的保管。守著一倉庫的黃穀、玉米，卻把自己餓出病。臨終前，他跟趙躍軍說：「做人要有骨氣，咱們餓死也不能拿公家一粒糧！」失去父親，幼小的趙躍軍從此吃百家飯，穿百家衣，深深感到鄉情的溫暖。少小時的奇特經歷，融入了趙躍軍的生命，此可謂一奇也。

　　1990 年代，洪瓦路邊悄然矗起一家「幺幺飯店」。我在這家飯店吃過飯，味道的確巴適，當時為此還寫過一首小詩：

　　幺幺飯店的紅漆門窗，
　　是洪瓦路上的一道風景。
　　南來北往的匆匆過客，
　　總能嘗到濃濃的鄉情。

　　老闆娘遞上一杯杯歡迎，

熱乎乎的毛巾拂去一路風塵。
炒菜的漢子端出一盤盤微笑，
捎帶著二兩高廟白酒的熱情。

煙燻火燎的日子麻麻辣辣，
蒸炒煎煮的生活苦苦辛辛。
灶膛裡嗶嗶啵啵燃燒的夢想，
每一天總是和太陽一路飛升。

直到客人拎走一瓶故事，
帶走藤椒油的傳奇。
炒一鍋誠信感恩的菜，
一定能收穫香噴噴的人生。

　　詩中寫到的「炒菜的漢子」，正是幺幺飯店的創始人、主廚趙躍軍，而「老闆娘」則是他相濡以沫的愛人。秉承家傳廚藝，趙躍軍夫妻倆誠信待客，飯店生意紅火、聲譽鵲起。其私坊秘訣，就是在菜中添加自家煉製的藤椒油。農民變身廚子，掘到人生第一桶金，此乃二奇也。

　　好味道人人喜歡！吃好喝好的客人都要買些藤椒油帶走，這讓趙躍軍嗅到了商機。於是邊經營飯店，邊辦藤椒油

作坊。當時趙躍軍和愛人在成都蹬著一輛載著藤椒油的破三輪，走進大小餐館酒樓推銷藤椒油。當時，就是餐廳的廚師，也絕少接觸過藤椒油。推銷時，客氣點的請你出去，不客氣的直接轟出去。功夫不負有心人，現在的「幺麻子藤椒油」已經擁有全國70%的市場份額，更外銷歐美日及東南亞。廚師趙躍軍華麗轉身，成為優秀企業家，此可算得上三奇也。

在趙躍軍身上既有農民的厚道，又有生意人的精明；既有政治家的高瞻遠矚，又有草根的善良仁慈。廚師出身的他深知廚師的不易，發起了「廚師關愛行動」，每年邀請全國各地的廚師同行到洪雅旅遊交流、休憩身心。更已扶助四十多名孤殘兒童直到大學畢業或參加工作。

有一次在成都吃飯，飯後讓服務員打包。他說，吃了不可惜，浪費了不好。一個大公司的老總，節約如此，此可謂四奇也。

文化是企業的靈魂，建廠之初，他就創辦了「洪雅藤椒文化博物館」。近年來，在他的策劃和組織下修建藤椒文化產業園，籌備大型互動情景體驗劇《一代天椒》，讓藤椒文化融入旅遊文化。趙躍軍一手企業，一手文化，追夢前行。此為五奇也。

誰也說不清趙躍軍身上還會發生多少傳奇的故事。去年，他告訴我他正搜集資料，寫一本有關藤椒的書。

春去秋來，《藤椒風味菜》已近完成。此刻初稿就捧在我的手上。全書圖文並茂，共分七篇。「清香麻‧話藤椒」把獨具清香麻爽的藤椒歷史進行新的分析和研究，從而得出「一粒藤椒可以笑傲江湖」的結論。接著「識藤椒享滋味」，從洪雅特殊的地理環境出發，綜合植物學和地理學重新闡釋藤椒的獨特性。再擺「藤椒菜，一點就是美味」，吊足食客的胃，其實那「一點」就是食客的舌尖。可謂「一書在手，競登堂奧」。

接著介紹118道藤椒菜肴。從「洪雅家傳老味道」、「經典藤椒風味菜」、「巧用藤椒創新菜」，到打破川菜地域藩籬的「融合混搭出妙味」！傳統川菜24種味型，從此就要加上「藤椒味」這一新味型了！呵呵，讀是書，垂涎三尺，恨不能抯筷就盞，浮一大白，以慰狼牙關、舌尖陣的渴盼。

另一特色是將中國藤椒之鄉洪雅的古村古鎮、民情風俗逐一圖文介紹。讓讀者在想像佳餚美味的同時，心馳神往洪雅一遊，憑添了神遊的樂趣。

「創業千古事，甘苦寸心知」，奇人趙躍軍，一生為藤椒抒寫傳奇。你讓人們記住了歷史，也讓歷史記住了你！

**王晉川**

中國著名作家、詩人、音樂家
四川省眉山市文聯副主席
2019年元月1日於四川眉山

# 椒香天下
## ——寫在《藤椒風味菜》出版之際

常言道：味蕾是有記憶的。但凡美味佳餚，品嚐過大都不會忘。就如藤椒風味菜，相見恨晚，一見鍾情。

藤椒風味菜，口感清香麻，溫柔的刺激讓人提振食欲。葷菜素菜，熱菜冷菜，椒香催味蕾綻放，充盈於口腔鼻腔的那縷清香麻悠，游離於唇齒舌尖，沁心入脾，周身通泰，天香真味強勢征服你的胃口。僅一道幺麻子缽缽雞就惹得人垂涎欲滴。芸芸眾生，吃貨，好吃嘴，美食家，食神，吃出一樣的精彩，吃出不一樣的境界。

一招鮮吃遍天。藤椒果和菜籽油的完美組合，純天然、有機、無添加的調味品，順應了全球健康生活的發展潮流。藤椒風味菜，風靡四川，風靡華夏，風靡世界。一種新「味型」，演繹千葷萬素的菜品，連「漢堡包」、「肯德雞」也緊緊跟上了這波席捲中外的風味大潮。中國四川洪雅幺麻子藤椒油出口美、日、韓、新加坡、澳大利亞、紐西蘭、港澳臺等 20 多個國家和地區。

知味識地，知味識人。藤椒風味源起何處？創者何人？簡言之：源自四川洪雅「中國藤椒之鄉」，青山綠水風光秀美的國家生態縣；創者乃集傳統技藝之大成，獲《中華人民共和國發明專利》和《中國綠色食品認證》的「幺麻子藤椒油」品牌創始人趙躍軍是也。

藤椒，和紅花椒、青花椒屬同一家族，主產於瓦屋山下青衣江畔。《本草綱目》將其稱之「崖椒、蔓椒、地椒」。此野生灌木，枝幹如藤蔓，且長滿尖刺，二三月開花，六七月果實成熟。每臨盛夏，洪雅民間大都採摘鮮藤椒用來燜油，用不完的則拿到集市上賣，提籃拎簍的大媽大嬸將藤椒擺放荷葉上，一堆堆青綠椒珠飄散一縷縷麻悠悠的清香。這道風景是洪雅人最美的記憶，香透歲月，美了城市鄉村的幸福時光。用藤椒油入菜調味，調出了洪雅民間祖輩相傳的道地口感，十粒椒一滴油，去蕪存菁，濃縮的都是精華，更是自然的饋贈。

椒史漫長，2000 多年積澱，500 年一個拐點，100 年一場推演，16 年引爆裂變。藤椒食用從悠久的農耕文明走向現代工業文明，從鄉野江湖小眾區域風味擴展成五湖四海的大眾美食。一名從鄉村大廚成長起來的優秀民營企業家，伴隨中國改革開放進程，把握西部大開發機遇創立四川洪雅縣幺麻子食品有限公司，實現了從作坊到工廠到集團

公司的一次次華麗轉身，書寫了令人刮目的創業傳奇。

時代育精英，椒香飄天下。在各級黨政支持及產業政策扶持基礎上，我們見證了一個民企的崛起壯大，見證了一名企業家的成長成功。奇蹟和故事都在不斷的更新，集腋成裘，聚沙成塔。機遇總是留給有準備的頭腦。當機遇和膽略，創意和勤奮碰撞在一起的時候，也就是離成功最近的時候。趙躍軍開「幺幺飯店」，待人親和友善，服務周全，藤椒風味菜也大受歡迎，外地食客用餐後競相求購藤椒油。鄉村大廚由此看到了一個巨大的商機，蓄足了將小藤椒推向大市場的動力，辦企業，辦與眾不同的企業。

一個走向成功的企業，總是在不停的探索創新中不斷創造奇蹟。走進幺麻子公司榮譽陳列室，100多塊金光閃閃的獎牌無聲講述著奮鬥出彩的故事。藤椒產品進軍中國西部國際博覽會，中國國際現代農業博覽會，中國國際旅遊商品博覽會……擁有搶眼的一席之地，幺麻子缽缽雞簽約西南航空食品，入選央視春晚菜單，藤椒油牽手漢堡、肯德雞，展翅一帶一路，出口與日俱增，譽傳國際。媒體聞風而動，央視《舌尖上的中國》、《一城一味》等欄目熱播，讓「中國藤椒之鄉」名聲響亮。藤椒綠珍珠驚豔世界，藤椒風味菜天下共用。

藤椒何以香天下？我們可以從趙躍軍的實踐中找到答案。藤椒從過去零星種植到集約化發展，透過「公司＋基地＋專業合作社＋農戶」的運作，以洪雅為核心輻射周邊市縣，小小藤椒成為農村脫貧增收的骨幹產業；農旅結合，工旅相融，文企一體，一、二、三產業聯動——「幺麻子模式」成為民企創新典範。以德立魂，以文育人，以情動人，培育飲食文化品牌，旺盛調味品生產企業活力。

用心用情用功做事，腳踏實地探索奮進，幹一行愛一行，鑽一行精一行，方可成為狀元郎。這可說是趙躍軍成功秘笈的另一種解讀。用心，「德元樓」可鑒孝心，「廚師關愛」可察真心，支持公益可見善心。用情，視員工為家人，「家人」互敬可親；視客戶如故交，朋友滿天下。用功，審時度勢，運用科技成果，實現產品開發升級更新，領潮市場。這些年來，趙躍軍先生不斷強化自身修煉，多次到四川農業大學、四川大學、浙江大學、清華大學、北京大學輪訓，先後到美、俄、德、韓、日等國考察，知識儲備使其眼界開闊，企業發展更是行穩致遠。

一個企業家最重要的使命是為企業「立魂」。「飲德食和，萬邦同樂」是趙躍軍的精神追求和發展理念。弘揚中華美食文化，推廣《藤椒風味菜》，其功莫大焉，善莫大焉。

信念生根，夢想開花。

一滴神油，椒香天下。

**鐘向榮**

中國散文學會會員
洪雅縣散文學會會長
2019 年 02 月　寫於洪雅

# 編者序
## 幸福的味道

如果說花椒是川菜的骨，那麼藤椒應是川味的魂。

四川人愛花椒，如癡如醉，四川人喜藤椒，情有獨鍾。無論是蒸煮煎炒還是涼燉爆燴都會看到椒的身影，嗅到麻的清香。哪怕是煮一鍋白水蘿蔔，川人都會拍一塊薑，放幾根芽菜，再投入幾粒花椒。避水氣、去泥腥、添滋香、增厚味，一鍋平淡的家常菜自然活色生香。哪怕是下一碗白水麵條，只要有一點點鹽，一兩滴藤椒油，都可以有滋有味、令人垂涎。

那些年家中有幾粒花椒是富有的表現，有半瓶藤椒油就是幸福的源泉。生活再艱難，母親也會節省出一元兩元錢從走村串鄉、沿路叫賣的涼山彝族賣椒人手裡買上幾錢花椒。這時我們會圍上去，好奇的聽著賣椒人那來自天外的異音，聞著他們身上混搭著其他味道的花椒香味。

在家鄉洪雅，每年6、7月份鄉親們的家中會飄出藤椒油的清香。那香味撫摸著故鄉的山水，肆無忌憚地鑽進我身體的每一個毛孔，讓我沉醉，讓我欣喜。那時的我，好想能多一些這樣的機會，多一些這樣的味道讓我充分吸納……啊，那忘情的椒香之味喲！

有一年春天，姐姐的男朋友要到我家來，他可是參加了對越自衛反擊戰榮立三等功的軍人。我這個從連環畫上生出紅軍、八路軍、解放軍等英雄們敬愛崇拜的小弟弟，對即將到來的真英雄更是翹首以盼。

怎樣來迎接招待第一次上門的貴客？媽媽望著一貧如洗的家，望著缺油無肉的灶台，無奈地把目光投向了家裡僅有的兩隻母雞。

一隻正咯咯咯照顧著牠的小雞，一隻是正在下蛋的「印鈔雞」。媽媽含著淚，指著下蛋雞，說：「用牠來招待你哥哥吧。」

我知道媽媽的不捨，那隻雞正努力的一日一蛋的換取著我們全家鹽錢藥錢，三個兒女每月每人有一只雞蛋補充營養。媽媽擦乾淚水，安慰我們說：「等小雞長大了，就不愁了！」

我們悄無聲息的跟著媽媽做起了準備工作。推豆花的黃豆要篩選好，拌雞肉的海椒要炒香搗好，點豆花的岩鹽要錘細，看著空空的藤椒油瓶和灶頭空空的花椒竹簍才知道還有一個天大的事情要做，那就是買花椒。

我跑到房子外面的公路上豎起耳朵，睜大眼努力的去搜尋那特殊的吆喝聲和那熟悉的賣椒人身影。

兩天過去了，全家期盼的身影沒有出現，全家最想聽見的聲音沒有來臨。明天，英雄哥哥就要來了，沒有藤椒、沒有麻香的菜，會像沒有魂一樣的無味，我著急了……媽媽安慰我說：「沒有就算了，將就吧！」可我的心卻無比不安，我說我們去借借吧。媽媽帶著我走了左鄰右舍幾家鄉親，同樣貧困的大家和我們一樣，春節期間早把這些東西用完了。

看著我失望的腳步，媽媽抬頭看看左邊的房子欲言又止，那是侯表爺家。前幾天，因我家的母雞帶著雞仔，把他家剛栽下的菜秧刨了，他家卻把我們的小雞打死了一隻。我知道媽媽的心思，還在傷心的媽媽怎麼開口，我果斷的說：「大大（父親去世後，九歲的我就開始這樣敬稱殘疾而堅強的媽媽），我去問問。」

侯表爺熱情的招呼著我，得知來意後侯表爺麻利的取出十幾粒花椒包在紙裡，還將藤椒油舀了一小勺讓我一起拿回家。

雙手捧著十幾粒香味撲鼻的花椒和黃亮亮的藤椒油，耳邊迴蕩著侯表爺溫暖的話語：「幺幺，給你媽媽說這些不用還了，等到六月份藤椒成熟時，我再送些給你們。你孃把你家的小雞打死了不對，這點花椒和油算是對你們的賠償和道歉哈！」

我知道我這雙手捧著的，不僅僅是增香添味的調料，而是帶給我們心靈深處的溫暖，和諧相處的幸福美味了！

第二天，哥哥如約而至。一身戎裝的他，讓我興奮，讓我自豪，讓我敬佩！開席前，媽媽端著一碗熱騰騰的豆花，我端著一碗香噴噴的藤椒雞，送到侯表爺家以示感謝。我們兩家從此親善有加，廚藝超好的侯表爺還時不時傳授我手藝，教給我知識。我也遵從父親的遺願，走上了廚師之路，成為一個天天與麻辣醬醋油鹽柴米打交道的廚人了。

那份帶著對幸福味道的理解和深刻記憶，讓我對家鄉的藤椒有了更深的認知與瞭解。帶著濃濃椒香情義的人生經歷讓我成了一個煉椒為油、走街串巷的賣椒人。我努力地讓這份帶著溫暖氣息的家鄉味道，讓更多的的食客喜愛與享用，讓更多的大師大廚們調製美味，椒香遠揚。

幾十年過去了，說不清是小小的藤椒成就了我，還是我這個愛椒人成就了藤椒。藤椒風味伴隨著我走過的腳步，不！應該是伴隨千千萬萬天下大廚的腳步香飄世界。我知道在接下來的時光裡，將繼續用家鄉的藤椒油給您帶來開心與溫暖，用這本凝聚先輩智慧和眾人心血的《藤椒風味菜》帶給您幸福的味道！

**趙躍軍**
2018 年 12 月 20 日於四川洪雅

# 目錄

## 第一篇
## 清香麻 ‧ 話藤椒

## 第二篇
## 識藤椒 ‧ 享滋味

## 第三篇
## 藤椒菜，一點就美味

## 第四篇
# 洪雅家傳老味道

## 第五篇
# 經典藤椒風味菜

## 第六篇
# 巧用藤椒創新菜

## 第七篇
# 融合混搭出妙味

Zanthoxylum
armatum

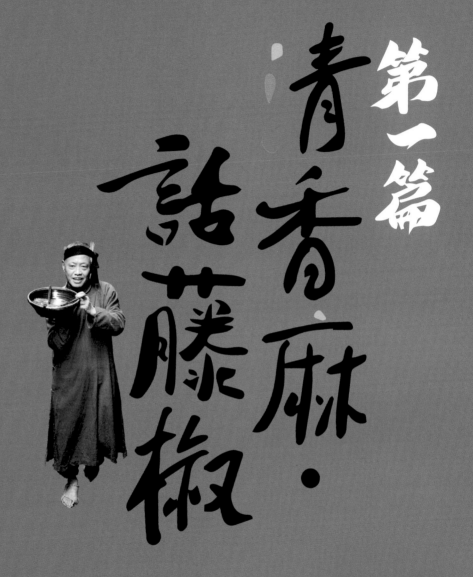

第一篇

清香麻·話藤椒

　　花椒，一種使用歷史近 3000 年，食用歷史近 2000 年的道地中華香料，卻是最說不清的香料！

　　話說清香麻的藤椒歷史，是一段被隱藏的歷史，想一窺真貌，還須從記錄較豐富的紅花椒歷史說起。認識藤椒的前世後，就能對當代藤椒江湖史及藤椒油市場的誕生有著更清晰的認識。

# 淺談花椒史

　　「椒」在歷史中有很長的一段時間是宮廷文化的重要組成部分。如《後漢書·班彪列傳》記載:「後宮則有披庭椒房,后妃之室。」皇后居住的宮殿名「椒室」或「椒房」,這是因為宮殿牆壁抹上一層花椒和泥的混合泥,取其性溫,也具防蟲蟻的效果。此外,花椒總是結實纍纍,也象徵「多子」之意。

## 先秦之前,花椒入酒不入菜

　　目前可見的文獻中,花椒的記載最早見於詩經中,如《詩經·周頌·閔予小子之什·載芟》中:「有椒其馨,胡考之寧。」講述花椒的美好氣味,能延年益壽。又如《詩經·陳風·東門之枌》:「視爾如荍,貽我握椒。」這是一首描寫男女愛情的情歌,女孩子將結實纍纍、顏色鮮亮、氣味芬芳的花椒作為定情之物,送給了男孩子。

　　一直到秦朝,相關記錄多與祭祀、醫療有關。因為花椒的香氣極為突出且顏色鮮亮,被視為符合祭祀禮制的祭品,是先民對於祭祀中「香能通神」的一種具體表現。另一方面,先秦作為重要祭品的酒、漿可能是人們嘗試、認識花椒香麻味的最早媒介,如戰國時期的《離騷·九歌·東皇太一》中寫到:「蕙肴蒸兮蘭藉,奠桂酒兮椒漿。」在祭祀樂舞儀式中用「桂酒椒漿」作為祭品,期間儀式性的品飲或儀式後透過分享品飲作為賜福之意應是必然,也為之後的花椒入菜種下了因數。從漢朝《後漢書·文苑列傳下》將椒酒作為奢侈的象徵,唐朝的《藝文類聚·卷七十二·食物部》記載過年時給長輩奉

四川省阿壩州西路紅花椒的產地風情。

關於過年時給長輩奉椒酒作為祝福的文獻記載。

椒酒作為祝福的習俗可進一步確認。

醫療方面，《黃帝內經‧靈樞經》卷二中記載：「…用淳酒二十斤，蜀椒一升，乾薑一斤，桂心一斤，凡四種，…以熨寒痹。…」，明確指出四川蜀地的花椒有較好的促進循環及驅寒氣療效。在這之後的各家醫書中也都提及花椒入藥，也多次指名用蜀椒，可說再次確定四川地區是優質花椒的主產地。

## 漢之後，花椒入菜漸成風潮

中華飲食史中，花椒成為菜肴調輔料的記錄是從漢朝開始！

漢朝劉熙的《釋名‧釋飲食》中記載：「餡，銜也，銜炙細密肉和以薑椒鹽豉巳，乃以肉銜裹其表而炙之也。」當中明確指出是將花椒當做調味料加入肉末中再煎炙食用。之後，魏晉南北朝（西元220-589年）花椒入菜之風開始盛行，如當時成書的《齊民要術》（賈思勰）、《餅說》（吳均）等都出現大量用花椒調味的烹飪工藝與菜品。

對於川菜地區使用花椒最早的記錄，當屬唐代（西元618-907年）段成式的筆記式小說集《酉陽雜俎》，書中「酒食」篇記載有「蜀搗炙」的菜名，夾在一大串的菜名中，雖只能透過「蜀」這自古就泛指四川地區的字來推論，但也不無道理，因蜀地一直以來就是優質花椒產地。此外用「鳴薑動椒」描述用薑、花椒等香料進行烹調的文字，由此可知，「蜀搗炙」應

傳統柴火灶廚房。

該就是以花椒調味、具花椒風味的「燒烤」菜。

另外，從經濟種植的角度來輔助佐證，應該更能接近真實，就是唐朝之前的梁 · 陶弘景（西元 456-536 年）在《本草經集注》「蜀椒」一文說：「（蜀椒）出蜀郡北部，人家種之，皮肉濃，腹裡白，氣味濃。」可以看到花椒在蜀地種植的普遍性與品種的優良，間接說明蜀地應該早在兩晉（西元 220-589 年）之時就可能發展出花椒入菜的飲食習慣。

農業技術大幅進步，促進五穀雜糧的普及食用。圖為洪雅地區的梯田與早期農耕風情。

## 飲食結構影響花椒需求

從歷史中可以發現，直到宋朝，社會整體飲食結構仍以肉類為主。從漢朝起，用花椒調味除異逐漸發展成主流，相關文獻記載也增至巔峰。但後來的元朝尚武，民生方面明顯失調，加上蒙古烹調不用花椒，花椒的使用產生斷層。到了明朝，雖有恢復，但農業相關研究指出，明朝起農業技術大幅進步，五穀雜糧全面普及食用，特別是辣椒的傳入與使用，使得整個社會飲食對花椒的依賴快速降低。這現象另可從歷史上關於農林業發展的記錄間接得到佐證，亦即明朝以前在黃河流域中下游、長江流域上中下游都有大量的花椒種植記錄，東面沿海各省同樣有大量的種植、分佈與食用記錄。

總的來說，明朝之前，幾乎全中華都在用花椒入菜；明朝後期開始，花椒使用的地理範圍開始大幅萎縮，直到清朝初期後逐漸定型。今天，各民間菜系中，除了川菜，已經看不到普遍使用花椒的習慣！形成現代多數華人都不認識、不了解何謂麻香感？總是談「麻」色變的現象。

在以牛、羊、豬等各種肉類為主食的時代，花椒因去腥除異功效極佳而被普遍

### 關於「椒」字

文獻資料中，「椒」字除了指花椒之外，另指孤立的土丘或指山頂。另也是地名、姓氏。詳見康熙字典對「椒」字的解釋：

椒：「椒樹似茱萸，有針刺，葉堅而滑澤，蜀人作荼，吳人作茗。今成 山中有椒，謂之竹葉椒。東海諸島亦有椒樹，子長而不圓，味似橘皮，島上獐、鹿食此，肉作椒橘香。

又【漢官儀】皇后以椒塗壁，稱椒房，取其溫也。

【桓子 · 新論】董賢女弟為昭儀，居舍號椒風。

又【荀子 · 禮論】椒蘭芬苾，所以養鼻也。

又【荊楚歲時記】正月一日，長幼以次拜賀，進椒酒。

又土高四墮曰椒丘。【屈原 · 離騷】馳椒丘且焉止息。

又山頂亦曰椒。【謝莊 · 月賦】菊散芳於山椒。

又邑名。亦姓也。椒，春秋楚邑，椒舉以邑為姓。」

運用是可以理解的，但為何明朝起，社會飲食結構改變，以五穀雜糧為主食後，大江南北都逐漸拋棄花椒使用之際，只有位於西南，東晉‧常璩《華陽國志》所記載：「尚滋味，好辛香」的巴蜀地區對花椒不離不棄？戒不了這「麻癮」。

## 川人「麻癮」源自巴蜀好花椒

關鍵就在四川地區的優良花椒品種相對多樣、產量豐富、香麻風味俱佳，使得花椒入菜的飲食傳統、習慣限縮在川菜地區。時至今日，被飲食市場普遍認可、適合入菜的最佳花椒品種依舊在四川地區。

四川花椒的優點在於少量入菜，可去腥除異，適當增量更能起增香、調味的效果，對菜肴滋味有明顯提升效果。另一

歷史上連續進貢時間最長的漢源花椒成熟時的樣子。

方面，四川的環境相對封閉，濕度偏高，令川人對花椒促汗祛溼的藥理作用十分依賴的說法只能說是次要因素，因這不能解釋在交通改善、物資愈加暢通的歷史進程中，川人吃香喜麻的「癮」不變，因為「好吃」才是硬道理。或許，其道理就像今日

四川漢源縣牛市坡千年貢椒產地景致。

的餐飲市場，不夠好的菜品就會被淘汰，能留在市場上肯定色、香、味俱全，在市場上流傳時間久了，還能成為經典。

## 被隱藏的藤椒史

在認識花椒入菜史後，會發現一個問題，就是眾多文獻中的「椒」究竟是指紅花椒，還是青花椒？

最早對使用的花椒有明確描述顏色的記錄是在北宋（西元 977-984 年）《太平御覽 · 木部七 · 椒》中：「《爾雅》曰：檓，音毀。大椒也。…似茱萸而小，赤色。…。」可知北宋時期的「椒」是指紅花椒。

那北宋之前呢？按中華文化在禮制上基本一脈相承，朝代更迭也不敢任意變動的傳統，且歷來多以「紅」色為大吉的象徵。另一方面，花椒的獨特芳香也常用於比喻美好之事或品德，如《荀子》中：「好我芬若椒蘭」，獨尊紅花椒的禮制也促使整個社會形成以紅花椒為「正品」、「上品」的飲食文化。綜合以上歷史背景因素

可知，北宋之前記載的「椒」應是指紅花椒。

回頭再對照近 100 年內，四川館派川菜烹飪傳統，直到 1980 年青花椒開始經濟規模種植之前，嚴格來說，是直到 1990 四川江湖菜盛行之前，社會一定層次以上的酒樓、餐館、筵席中也都見不到使用青花椒的記載。

至此，應該可以確定，當前文獻中提到的「椒」都是指紅花椒！當然，文獻中也是有例外存在，但古人還是很嚴謹的，記錄時都會明確說明為何不算是「椒」。如明 · 李時珍的《本草綱目》中除了記載「椒」之外，另有「崖椒」、「蔓椒」、「地椒」等，都附帶詳細的形態、氣味說明。又如清 · 陳昊子所著園藝學專著《花鏡》裡提到：「蔓椒，出上黨（地名，今山西東南部）山野，處處亦有之，生林箐間，枝軟，覆地延蔓，花作小朵、色紫白，子、葉皆似椒，形小而味微辛，…。」這段記載說明古人對於和紅花椒相似或可能是「花椒」的植物都會詳細說明差異。

江湖川菜源自重慶市，由成都餐飲業廣為傳播與發展。圖為成都市江湖菜館的火爆風情。

洪州風情 | 洪雅藤椒文化博物館 |

洪雅藤椒文化博物館成立於 2010 年，位於四川省洪雅縣止戈鎮柑子場，臨近青衣江，為中國「第一座香辛料博物館」。

洪雅藤椒文化博物館由林園、展覽中心、老榨油房、製作藤椒家庭作坊等構成，通過展示藤椒溯源、栽培、應用，將兩千多年源遠流長的藤椒文化呈現於遊客面前。館內有保存完整的榨油老作坊及石磨、雞公車、腳犁等一批民間生產實物，讓參觀者對藤椒文化及產業發展有完整的認識。

## 藤椒．百姓的調味「椒」品

許多文獻記錄中，若詳看前後文更能發現隱藏在字面背後的重要資訊，如《本草綱目》中：「崖椒：…。此即俗名野椒也。不甚香，…野人用炒雞、鴨食。」而《花鏡》裡則說：「（蔓椒）土人取以煮肉食，香美不減花椒」。其中「土人」、「野人」指的是當地平民或少數民族，用白話來說就是「當地一般平民百姓會用其入菜調味，滋味不輸『紅花椒』」，間接證明野花椒的食用是普遍存在於民間的。

進一步分析前面的文獻記錄，會發現古代社會裡，紅花椒並沒有普及到全民，只有一定階層以上的人才能享用到紅花椒，而一般百姓知道花椒的優異性，卻只能尋求分佈甚廣的「崖椒」、「蔓椒」、「地椒」等等之野花椒做為替代品，其中肯定包含現今的藤椒。這些風味突出、個性鮮明的「野味」就成了平民百姓的調味「椒」品。

綜合以上的分析發現，藤椒的食用或

使用的歷史是被藏在各種文獻的隻言片語中，所以若要問藤椒食用史有多長？答案就是：紅花椒的食用史有多長，藤椒的食用史就應該有多長！只因自古以來，平民百姓的飲食生活都不是官方歷史記錄的重點，想貼近每個朝代百姓的真實狀態唯有旁敲側擊！另一方面，今日藤椒風味魅力的再次展現，更證明中華飲食的創造力始終來自民間。

同屬芸香科花椒屬的「兩面針」應是文獻中記載的「蔓椒」或「地椒」。

洪雅地區規模化種植管理的藤椒基地。

# 洪雅藤椒史

　　四川洪雅縣原就有大量野生花椒，最早的具體記錄出現在清嘉慶十八年，即西元 1813 年成書的《洪雅縣誌》。在植物學上，藤椒與多數青花椒都是同一家族，然而在「風味」這一美味標準下，「藤椒」品種具有更佳而獨特的清香麻風味，是天然地理環境、土壤、氣候長期塑造、特化而成的，與紅花椒、青花椒相比，藤椒氣味更鮮明而芬芳，口感更香麻！因而讓洪雅人至今仍保有藤椒入菜調味的傳統。

四川洪雅瓦屋山及雅女湖。

話說 2200 多年前，秦始皇滅了楚國，設置嚴道縣，將楚王之族全部押解到羌人聚居的嚴道縣，即今日洪雅瓦屋山區。正如《洪雅縣誌》記載：「秦滅巴、蜀，置巴郡、蜀郡。今洪雅之地分別為嚴道、南安縣所轄。」

## 藤椒油的誕生關鍵在榨油技術的成熟

古代交通的不便，讓當時被放逐的楚王一族難以按原本的條件生活，只有融入當地羌人社會以圖生存，飲食上就產生一方面帶入了較複雜的工藝，一方面學習運用羌人調輔料，其中之一就可能是「藤椒替代紅花椒」。然而，今日十分普遍的藤

經民間收藏家復原保存在四川 · 洪雅「洪雅藤椒文化博物館」的菜籽油榨油坊。

椒油的產生及運用歷史相對短得多，這涉及到植物油製取工藝的發展。植物油生產工藝的普及要一直到明朝後，平民百姓才有相對穩定而充足的食用油可運用，也才有產生製作藤椒油的可能性，並進而形成洪雅地區的藤椒油飲食文化。

據文獻記載，漢朝之前的食用油多來自動物油脂，漢代因為「胡麻」，即芝麻的傳入才出現使用植物油的記錄，不過當時只有一種：胡麻油。到西晉時，張華所著的《博物志》有了芝麻油烹調的記載：「煎麻油。水氣盡無煙，不復沸則還冷。」也就是說西晉之前，芝麻油已經被廣泛的應用在食物烹飪中。接著，南北朝的賈思勰所著的《齊民要術》記載：「按今世有白胡麻、八棱胡麻，白者油多。」展現出當時已有不同品種的芝麻，且人們也發現不同品種的含油率是有差異的。再到宋朝時才出現菜籽油的記錄。榨油技術的普及與成熟則是到明朝才達成，從宋應星的《天工開物》中 10 多種榨油、榨汁液的工藝記載可以知道。

## 偏好鮮藤椒香，催生藤椒油

從祖輩傳承下來的藤椒油食用傳統來看，相信古代洪雅人早就發現新鮮藤椒入菜的鮮香爽麻並不存在於乾燥後利於保存的乾藤椒，這一困擾直到有了相對充足而經濟的油脂後，才在古人的摸索、實踐中，發現將新鮮藤椒用熟熱菜籽油燜製可留住新鮮藤椒的鮮香爽麻。

透過植物油發展史，再考量古代的工藝提升與傳播速度較慢的發展限制，我們可以推測洪雅地區發展出燜製藤椒油用於調味的飲食習慣最早應是出現於明朝中期之後，經過數百年的發展，因為食用與種

傳統水力推動的石磨，今日依舊能夠使用。

植普遍，才在清嘉慶十八年（西元 1813 年）編纂的《洪雅縣誌》卷四對藤椒有具體記載：「椒有花椒、蔓椒二種」。其中「蔓椒」即是今日之藤椒。然而古人惜字如金，並未具體記載食用方式，但透過田野調查與民間的傳說交叉分析，大概可推定藤椒油的閹製工藝與使用習慣是成形於 18 世紀。之後經過長時間優化，才有了今天藤椒油那令人回味再三的清香麻。

與洪雅藤椒文化博物館配套的洪雅德元樓是專業廚師的藤椒應用交流基地，更是大眾體驗藤椒文化及相關風味菜的最佳選擇。

## 潮流促成藤椒油普及

到了近 100 年，川渝地區對藤椒油的食用仍只流行於洪雅及其周邊地區，因為傳統上，不論官方或民間筵宴一直以符合禮制規範的紅花椒為正統，但這一界線卻意外在 1990 年代退耕還林的政策推行下間接打破！

當時退耕還林施行的一個重要考量就是要確保農民在轉換過程中仍有經濟收入，川渝地區經過多方調研後，選定能取代部分紅花椒使用的低海拔青花椒品種，作為退耕還林的優先樹種，藤椒作為青花椒的一個品種自然也成為鼓勵種植的樹種。同時，政府也帶頭進行青花椒使用、消費市場的推廣。一系列的外在環境變化，為傳統川菜累積突破花椒使用界線的能量。

1990 年前，處於內地的川渝地區在改革開放後，主要餐飲市場幾乎被提升改良較早的沿海菜系完全佔據，一時間，菜品、形式、邏輯欠缺新意的傳統川菜在川渝餐飲市場中成了非主流、上不了檔次的代名詞。

川菜在一片低迷中，不走常規路線的四川江湖菜異軍突起，藤椒油被這不按套路走的江湖川菜大量用於菜品中，整個餐飲市場因此開始扭轉。大受江湖川菜刺激的傳統川菜雖有所堅持，但為了生存與市場，開始大量借鑒江湖菜的大膽邏輯、調味與調料運用，也就促成了川菜的再次崛起。幺麻子藤椒油就此被這波江湖菜大浪給推到浪尖。

到 1990 年代末，餐飲業中象徵正品、上品角色的紅花椒與象徵野味、上不了檯面的青花椒、藤椒油界線，在這潮流中正式打破了。

創立於 2002 年的幺麻子食品公司搭上這歷史機遇，成為第一個成功將藤椒油商品化並推向市場的公司，也成為現代川菜蓬勃發展的重要推動者。經過多年推廣與堅守品質，促使相關風味菜的普及與流行，使得今日川菜體系中擁有大量藤椒風味菜肴，讓藤椒的使用跨過歷史的「拐點」；行業內更在傳統 24 個味型體系之上，初步總結出一個當代味型：「藤椒味」，其代表菜品便是「藤椒缽缽雞」。

藤椒油商品化初期的包裝形式。

### 藤椒故事

19 世紀，清代四川學政、詩人、書法家何紹基，某年應洪雅知縣伍芸青之邀，遊覽瓦屋山。然連日勞頓，主僕二人感染風寒，茶飯不思，精神不濟。伍知縣要家廚做幾到道開胃菜菜肴。家廚急中生智，以藤椒煉油，調汁入菜。何紹基嘗後，藤椒油的清香麻爽令其胃口大開，連用三餐，身體也好了一大半。臨別時，何學政大人謝絕了伍知縣的豐厚饋贈，獨收藤椒油一瓶。可見，藤椒油的魅力十足。

# 一粒藤椒走江湖

　　和許多企業一樣，幺麻子公司的成功也是經歷了漫長積累，最終才贏來現今的美麗成果。

　　如今追求天然、無污染、無添加的綠色食品已成為一種消費時尚，幺麻子藤椒油不含任何添加劑、防腐劑，正好契合了這一特點。藤椒油口味清爽、香氣濃郁，麻味綿長且不哽氣，鮮香味比花椒油更突出。這種特色鮮明的調味油入菜生香（椒香），入口微麻，在江湖菜流行的 2000 年代拓展了調味品市場的可能性，也令川菜刮起了一股藤椒風潮，產生川菜的新味型：藤椒味。因此幺麻子公司的發展史可說是一段川菜江湖史，更是川菜藤椒味的開創史。

早期穿街走巷賣缽缽雞的情境。

## 事廚，源自祖輩的傳承

創業之前，我就是一個農村苦孩子，除了各種農活外，也試著做小生意。直到1992年才定下心，依託家傳的廚師基因，在洪雅老家，止戈鎮柑子場的家門口開設幺幺飯店，專營家常菜。因菜品烹調到位又經濟美味，加上飯店位於去往柳江、高廟必經之路上而生意興隆。

從祖輩傳下來的祖譜得知，祖先趙子固在清朝順治年間（約1644年），從洪雅瓦屋山遷居到止戈鎮柑子場。綽號「幺麻子」又兼做鄉廚的趙子固發現當地村民多利用藤椒烹製菜肴，在向當地人學得藤椒入菜與燜製藤椒油的方法後，進一步研究並優化了當時的藤椒油燜製技藝，更將優化的心得與技巧回饋給當地人，分享給鄉鄰朋友，為當今藤椒油色澤金黃透明、清香撲鼻、悠麻爽口的燜製工藝盡過一份力，更成為當時民間日常及宴席必不可少的調料。

1940年代，也是鄉廚的爺爺趙良育從小耳濡目染，自然也傳承了祖技，算下來是趙子固的第16代子孫。當時，爺爺在農閒之際，帶著父親用藤椒油拌骨土雞片，裝在陶缽裡上縣城沿街叫賣，雞肉皮脆肉嫩，麻辣鮮香，甜鹹適中，受到人們喜愛，成了人人稱道的名小吃。就是創下「基尼斯世界之最——天下第一缽」幺麻子缽缽雞的前身。

## 危機？轉機？

1992年在洪高路邊柑子場創辦「幺幺飯店」之初，不僅用藤椒油拌雞肉、烹河鮮，還用來炒素菜，其中具有洪雅特色的藤椒缽缽雞和相關菜肴最讓外地人讚不絕口。還記得當時經常來飯館吃飯的長途車司機說，這些菜裡邊的麻香味十份奇怪，與傳統麻香感不同，香氣很足，聞起來就讓人神清氣爽。回想起來，在那個成渝餐飲以江湖菜為王的市場背景下，我主打藤椒菜其實就是很江湖。

幾年後做出了口碑，很多客人在幺幺飯店用餐後意猶未盡，臨走時紛紛要求購買藤椒油。剛開始還能儘量滿足客人的要求，然而危機很快浮現！2001年燜製藤椒油的季節剛過幾個月，就發現藤椒油已經不夠自己的飯館用到來年。

圖為洪雅老家止戈鎮柑子場的「幺幺飯店」，之後改名為「幺麻子缽缽雞酒樓」並遷至洪雅縣城，2014年回歸止戈鎮柑子場，更名為「德元樓」。

出了洪雅地區，基本上都不認識藤椒油，加上人們只熟悉用紅花椒煉製的花椒油，不了解藤椒油也就不知道怎麼用，更不會主動想到要用。

為了讓市場認識藤椒油，就親自帶著產品去各家飯店、餐館、酒樓做推廣，示範如何運用藤椒油入菜。一開始先是去了洪雅附近的縣市，有了些推廣經驗後才敢去成都，但還是四處碰壁。當時就一個信念，只要廚師瞭解了藤椒油的特性，就能變化出各式藤椒麻香風味的川味流行菜，藤椒油的銷售問題也就迎刃而解。

2002 年草創時裝瓶情景及 2004 年時的煉油車間。

當時第一反應是恐慌！但反過來想，卻發現其中有商機——或許藤椒油商品化銷售可以是一門好生意。看到了機會說做就做，2002 年就在幺幺飯店旁邊搭建起100 多平米的簡易藤椒油加工作坊。全國第一個生產藤椒油的「幺麻子有機食品廠」就此誕生。

## 潛心研究，獲得專利

萬事起頭難，小廠初創時期缺專業技術、缺流動資金、缺行銷人手。當時資金不足就四處籌錢，甚至退掉買在縣城的房子及給家人最後保障的保險作為流動資金。缺乏生產技術，我就踏上了漫長的取經之路，先是去四川農業大學請教專家，又與一些食品加工廠交流學習。

雖說藤椒油很受食客歡迎，但歷盡周折讓產量上來後又擔心賣不出去了！因為

2005 年的「幺麻子有機食品廠」及推廣的情景。

開拓市場期間，我在既有工藝的基礎上潛心研究、反覆試製，使閼製藤椒油的工藝能應付規模化的批量生產，同時保證品質、風味的穩定與完善，終於打開了市場。之後，「幺麻子」牌藤椒油更於2006 年獲得《中華人民共和國發明專利》和《中國綠色食品認證》，成為國家農業部第一批命名的無公害農產品。

## 健康美味，開創市場

　　隨著人們經濟條件變好，人們在飲食上開始追求天然、無污染、無添加的綠色食品，這一趨勢也成為當今社會的一種消費時尚。同類產品中唯一通過國家綠色食品認證的幺麻子藤椒油正好契合了這一特點，加上藤椒油的獨特香味、麻感，調入藤椒油的菜品在口感和味道上別具特色，聞著就讓人口舌生津，食欲大增，食用時更覺爽麻適口。這也是「幺麻子」能夠得到廣泛認可的主要原因。

　　2008 年將原作坊進行擴建，擴大規模，並變更註冊為「四川洪雅縣幺麻子食品有限公司」，同時成為各大知名餐飲企業的供貨商。

建設藤椒基地的初期就是一個墾荒的概念。

### 藤椒油的食療養生價值

從中醫食療養生角度來說，具有散寒解毒、散瘀活絡、開胃健脾、增進食欲、去濕防寒等功效。以現代營養學來說，富含蛋白質、氨基酸、鈣、鐵、碘、β 胡蘿葡素等多種維生素和營養成份。

　　現在，有「麻中上品」之稱的幺麻子藤椒油暢銷全國。2017 年銷售量占國內同類產品市場份額的 70% 左右。國際市場方面，已出口到美國、加拿大、新加坡、日本等數十個國家和地區。

## 持續精進，永續發展

　　「幺麻子」之所以發展如此迅猛，就在於對產品品質的嚴格要求。我深知品質是企業的根本基礎。調味品市場競爭異常激烈，如果不在品質上取勝，只追求名實不符的行銷擴張，只會像煙花一樣，一陣燦爛後，就什麼都沒有了！

　　目前，幺麻子擁有高標準現代化的藤椒油生產車間 11280 平方米，對生產環節管控嚴格，確保生產出的成品無公害、無污染，安全健康。為滿足生產需要，保障產品品質，幺麻子除了在洪雅設立藤椒基地外，也先後在眉山仁壽、樂山井研等地自建大規模基地，另同 2000 多農戶、10 餘家藤椒種植專業合作社簽訂收購協

議，目前供應么麻子的藤椒種植規模超過11000畝。

除了產業，在文化保護與推廣上，么麻子創建了「洪雅藤椒文化博物館」，系統性地展示藤椒的溯源、栽培、應用等。館內復原保存了椒房、古法榨油坊、老廚房等，另有石磨、雞公車、腳犁等一批民間生產器具實物，既讓遊客瞭解洪雅地方歷史，更讓消費大眾對藤椒文化及產業的發展有了正確而深入的認識。

考量永續發展，2011 年成立「眉山藤椒工程技術研究中心」；2012 年，投資購進鮮榨機設備，完成將傳統工藝融入現代化、全機械化生產的華麗轉身；2011-2013 年，與國內外技術領先的科研機構和大專院校共同研發擁有自主創新知識產權，應用業界最先進的鮮榨提取技術建成全自動藤椒油生產線，生產的藤椒產品更鮮香，保留更多的維生素和微量元素。2019 年，在原生產規模上擴展的「藤椒產業園」將建成使用，集生產、文化、交流、體驗於一身，讓廣大消費者可以安心、愉快的領略洪雅原生態、原產地、原口味的生態健康食品。

「藤椒產業園」的規劃構想圖。

現代化的生產環境與標準化、機械化車間。

Zanthoxylum
armatum

# 第二篇 說藤椒 享滋味

　　「採摘十粒鮮果，浸出一滴好油！」述說藤椒油的珍貴。

　　現在有愈來愈多消費者接觸到藤椒油的獨特清香麻滋味，包括素食者，因為從涼菜到熱菜，從燒烤到火鍋，藤椒油調味已成為一種時尚。更傳播到臺灣、日本、東南亞，香麻到歐洲……。正應了「美食無國界」的趨勢，不同種族、膚色、語言的人們或許對藤椒油清、香、麻滋味的偏好不同，卻都深深著迷。

　　著迷之餘，相信更多人對於藤椒這一植物及其風味是高度好奇，特別是那獨特的味感——麻！

　　本篇介紹藤椒樹特徵及被認定為非物質文化遺產的藤椒油製作工藝：「燜製工藝」，還有藤椒油的選擇方式以及基本烹調技巧與調輔料介紹，讓您輕鬆掌握烹調應用技巧。

# 故鄉味道香天下

藤椒油的滋味是每一個洪雅人的家鄉味！

今日人們對健康生活、飲食需求的提高，營養健康的食品消費成為主流，洪雅的家鄉味「藤椒油」這類具功效的美味調味品開始成為關注的焦點，更是消費的優先選項，現在連漢堡都有藤椒風味的！

在洪雅用藤椒油給菜肴調味可追溯到300年以前，民間就有了藤椒閟油的技藝。然而受限於當時的環境條件及技術、市場行銷的局限，相當長的時間裡，藤椒油只出現在洪雅及周邊藤椒產區的餐桌上，對離家遠行的洪雅遊子是無以取代的家鄉味，對更廣闊的國內外消費市場來說是「藏在深山人未識」。

## 故鄉味道，藤椒清香麻

煉製藤椒油的「閟製」技藝，濃縮了百年來洪雅百姓的智慧，解決了提取保存藤椒中芳香物質的難題，開創了萃取藤椒鮮滋味的先河，至今仍是百姓餐桌上不可多得的調味品。

今日閟製藤椒油工藝透過傳承到我這一代已是第18代，在2002年創辦的幺麻子食品有機廠，讓藤椒油產業踏上了現代商業發展之路。保留藤椒油傳統閟油技法的精髓之餘，融入現代科技與油脂加工工藝，確保產品自然、純正的本真屬性。因此，多數洪雅遊子回鄉就一定要去吃缽缽雞這一「老字號」名吃，或各種藤椒味佳餚：藤椒旺子、藤椒油菜尖、藤椒毛肚、豆花藤椒蘸水……，過過清香麻的癮！

洪雅藤椒文化博物館，2010年2月9日於四川省洪雅縣止戈鎮五龍村建成並

各式洪雅特色美食。

各種藤椒風味菜。

洪雅優越的天然環境。

免費開放之後，藤椒油的清香麻身世也開始廣為人知，其中栩栩如生的銅塑，生動形象再現了清代洪雅人採收藤椒和煉製、食用藤椒油的過程。

好環境、好工藝是優質藤椒油的根本，洪雅擁有絕佳的天然生態環境、交通便利，中醫藥學也指出花椒、藤椒具有開胃健脾、增進食欲、散瘀活絡、去濕散寒等功效，也就是說經常食用藤椒油就能起到食療養生的效益，正應了洪雅的形象宣傳語「要想身體好，常往洪雅跑」。

今日，藤椒油不只是單純的地方風味、家鄉味，在時代的驅動下，是數以萬計的家庭依靠！對幺麻子公司而言是最甜蜜的責任，除了讓更多人認識這一獨特家鄉味，還要持續優化藤椒油產業鏈，形成種植、生產、消費的共利循環，首先是協助農民改善種植技術，提升生活品質；二是持續改善加工技術以確保獨特品味、品質穩定並減少浪費，符合當代社會對食品衛生、環保、生態、健康的需求；最後是更強化銷售和烹飪知識與飲食文化的結合、推廣，積極宣導「廚行天下，愛傳萬家」，回饋哺育藤椒油產業的餐飲業廚師，也感謝他們在異地提供洪雅的遊子一解味蕾上的鄉愁。

洪雅藤椒文化博物館。

峨嵋山天下名山牌坊，正額「天下名山」為郭沫若所題寫。

## 藤椒油的名人軼事

洪雅縣，古稱義州、洪州。這裡山川俊秀，人傑地靈，有一傳統食俗，就是每年六、七月藤椒成熟時，家家戶戶都要閹製藤椒油，用於做豆花蘸水、拌雞肉的調味品，逐步形成了獨具特色的洪雅地方飲食文化，是洪雅百姓數百年來生產生活智慧的結晶。

關於藤椒，國畫大師張大千先生也留下了一段佳話。1948 年 8 月，張大千先生到峨嵋山寫生，下榻接引殿。時任接引殿知客的寬明法師，是洪雅人，為了做好接待工作，特意將其父葉紹安請到峨嵋。葉紹安用家鄉的藤椒油拌菜，令大千先生食欲大增，讚不絕口。次年，大千先生去康巴地區寫生，途徑四川省第十六行政督察區（現阿壩州一帶），受到好友區公署專員兼四川保安副司令王元輝將軍接待，與王多次談及洪雅藤椒美味。2009 年冬，王元輝將軍之子、美籍華人寧俊達先生訪問洪雅，品嘗藤椒缽缽雞時才道出了這段塵封 60 年的趣聞，為藤椒文化增光添彩。

三年自然災害期間，陳毅曾以藤椒油為禮給少數民族群眾拜年。1962 年，農曆臘月二十八，時任全國政協副主席陳毅前往貴州黔東南苗族侗族自治州，說：「毛主席派我來給大家拜年，共度除夕。」329 戶群眾每戶 1 份年貨，其中有 1 瓶藤椒油。黔東南州委書記拿起藤椒油反覆看：「不就是花椒油嗎？」陳毅趕緊說：「這叫藤椒油，不是花椒油，它比花椒油更香。我是專門叫老家（四川）做的，味道獨特，麻味時間長，而且不刺激咽喉、胃，不哽氣、不上火，味道巴適，特別是雞肉加入藤椒油，吃起來更鮮香，夠麻！夠味！安逸得很！」

此外，鄧小平也對藤椒油情有獨鐘。1980 年盛夏，鄧小平同志在四川省委書記譚啟龍等人的陪同下遊覽峨嵋山。峨嵋山管理局（現為峨嵋山管理委員會）準備了一席富有地方特色的便餐，菜品有素燒雪魔芋、苦筍酸菜湯、涼拌紅椒嫩薑、峨嵋泡菜和四川豆花。峨嵋山住持寬明法師為洪雅人，用他家鄉的藤椒油調製豆花蘸水，小平同志首次品嘗到藤椒美味，大快朵頤，喜愛有加。臨別，寬明法師為小平同志送上兩瓶藤椒油，一代偉人鄧小平也與洪雅藤椒油結緣了。

藤椒油的獨特性加上洪雅這一帶風景名勝雲集，許多名人雅士都品嘗過藤椒的清香麻，相關軼事傳說也十分多，只是限於篇幅，僅能擇要呈現。

已消逝的洪雅古建築「奎星樓」。

# 雅自天成識藤椒

　　藤椒主產區集中在四川青衣江流域及瓦屋山一帶，尤以洪雅縣為主產區，各種山珍野蔬產量豐富。山多、水豐令洪雅擁豐富生態旅遊資源，成為四川省「旅遊發展重點縣」和「假日旅遊縣」，擁有瓦屋山國家森林公園、省級風景名勝區槽漁灘、柳江古鎮、青衣江生態農業觀光旅遊區等，玉屏山、七里坪的康養休閒基地，加上青衣江流域的青羌民俗，構成了洪雅獨具特色集森林、山水、古鎮、康養、美食文化於一體的生態資源旅遊體系。

## 環境天成，養出好藤椒

　　藤椒生產地域狹窄，只生長在川西南洪雅縣及周邊幾個縣份中，據四川農業大學研究，洪雅藤椒是藤椒中的珍品，無論從個頭、色澤、風味及對人體有益成分的含量均優於其他地區的藤椒，也因此洪雅才能獲得「中國藤椒之鄉」的名號。

洪雅縣位於四川盆地西南邊緣，距成都 116 公里，自然生態絕佳。全縣面積1896.49 平方公里，素有「七山一水二分田」之稱，有植物近 4000 種，野生動物400 餘種，其中中草藥 2000 餘種，產量豐富且常用的有 280 餘種，是重點中藥材生產縣。

藤椒這一品種在植物學上雖然與其他青花椒品種一樣屬於「竹葉花椒種」，但在洪雅這一動植物品種多元的優良環境中長時間的生長、繁衍、特化後，才能具有獨特的清香麻與樹形。以水果為例，同品種種在不同地區就會有不同風味，更何況是因天然環境孕育出的不同品種，風味差異更為明顯。

## 認識藤椒

藤椒樹是多年生灌木，對土壤的適應性很強，無論山地、丘陵、壩區都適合生長、栽種。傳統種植只需進行鬆土、除草等簡單管理就收穫果實，但藤椒樹全株都有硬刺，傳統種植管理的難處在「採摘難」，早期洪雅人自產自用時問題不大，然今日藤椒油已成銷售全國的商品，種植管理在經驗、技術、科學的累積下，已與傳統有較大差異。主要差異在規模化種植、修枝管理及準確補充土壤養分，採摘是差異最大的，因為對藤椒樹生長習性與規律的掌握，目前都採用減枝後找一陰涼處用剪刀剪下藤椒果，不須再站在椒樹下被大太陽炙烤或刺傷。

藤椒和九葉青花椒之間的具體差異：

**1.** 藤椒顆粒較大，緊密成坨。一般青花椒果實顆粒略小，稀疏分散。

（左）藤椒。（右）一般青花椒。

**2.** 藤椒的油苞突起明顯而晶透，風味物質更多。一般青花椒的油苞、香味不明顯。

（左）藤椒。（右）一般青花椒。

**3.** 藤椒樹葉子較為修長，一根枝條上多是 5、7、9、11 葉。一般青花椒較寬短些，一根枝條上多是 3、5、7、9 葉。

（左）藤椒。（右）一般青花椒。

**4.** 藤椒樹枝條掛果後朝地,故此得名「藤椒」。其他青花椒的枝條無論掛不掛果都朝天。

(左)藤椒。(右)一般青花椒。

**5.** 藤椒樹最佳種植環境的溫度較一般青花椒略低,產地多靠近大山或偏北方。一般青花椒的種植地則多在開闊的丘陵環境或偏南方。

(左)藤椒。(右)一般青花椒。

# 藤椒油品鑒

藤椒的香氣屬於黃檸檬皮味型，在以青檸檬皮味型為多的青花椒家族中有著絕對的優勢。製成藤椒油後可以充分的保留其香氣，幺麻子在 2002 年將藤椒油商品化之後，立刻在川菜界刮起一股藤椒風潮！藤椒油成品色澤亮麗、口味清爽、麻香濃郁，麻味綿長且不嗆氣，相較於青花椒油，兩者同屬爽香型的，但藤椒油的香氣更豐富醇厚，韻味悠長，青花椒油尾韻有淡淡苦味，藤椒油基本沒有；若與紅花椒油比較，則其香氣鮮爽、突出，麻感清新。

藤椒油風味取得的方法有兩種，一是源自傳統工藝、普遍使用的熱油浸煉的製法，屬於物理提取，特點是香氣、滋味豐富，但提取率低、成本高，幺麻子藤椒油就是此類工藝製成。另一種是工業提取技術的超臨界二氧化碳流體提取法，需低溫與極高的壓力。此工藝特點在藤椒主要風味成分的提取率高、純度高，提取風味物質後再勾兌入食用油中成為藤椒油，因此成本低。缺點就是風味較為單調、沒有豐富感。

藤椒油可用於四季拌菜、火鍋、麵食、魚類烹製等烹飪的增香調味，調入各式菜肴後藤椒香總能恰如其分地跳出來，引誘食客的饞蟲。

談藤椒油滋味前，先介紹一下洪雅新鮮藤椒的色香味，其顏色濃綠，放兩顆在手中搓揉，使油苞破裂溢出精油後，聞其香氣，可明顯感受到爽神而鮮的黃萊姆味混合草香味與少許木香味。

將新鮮藤椒入口咀嚼後，明顯的草香味、黃萊姆皮味混合優雅木香味，帶有淡淡藤腥味，苦澀味低，帶有揮發感氣味，麻、香感持續時間中上，過程中風味轉

德元樓獨具特色的吊火鍋。

變較明顯，後韻轉為新鮮而帶青綠柑橘皮味混合木香味。麻度中到中上，麻感屬於細緻型，口腔中可廣泛感覺到麻感但仍以唇、舌尖為主。整體麻與香在口中鮮明，至口中完全沒有藤椒相關味道的持續時間約 20 分鐘。

藤椒油整體色香味會因煉製工藝或基礎油的不同，產生色澤、香氣、滋味及油脂味感的差異，這裡僅就優質藤椒油的色香味做描述。

1. **色澤清透金黃中帶有淡淡的一抹綠，才不會影響菜肴成色。**
2. **香氣具有豐富、醇厚而成熟的黃萊姆皮味，鮮爽中融合了菜籽油獨特的氣味。**
3. **入口後味感清爽、麻香濃郁，無苦澀味或極低。**
4. **麻感應細緻而綿長。麻度中上，舒爽不嗆氣，滋味才能獨特或刺激，後韻舒爽。**
5. **油體稠度應比沙拉油稠，才能巴味。**
6. **油脂口感滋潤而滑，不應是薄而膩口的感覺，成菜才爽口。**

# 洪雅藤椒油燜製工藝

　　洪雅地區燜製藤椒油技藝，看似簡單，實際有很高的科技含量。首先是採摘藤椒的時間，要選在清晨藤椒含芳香物質最多的時候。其次是運輸途中要保持環境清涼、避日曬，減少藤椒芳香物質的揮發。燜製藤椒油的油溫過低過高都會影響藤椒油的品質，故控制熱油溫度至關重要。油溫過低，不能將藤椒中有益人體健康的成分全部提取出來；油溫過高則會破壞藤椒中不耐高溫有益人體健康的成分，並使藤椒油變「焦」發黑。藤椒油的儲存既不能閉氣，又要避免芳香物質的揮發。洪雅藤椒油科學保鮮儲存，能吃到來年新藤椒油上市，仍然清香撲鼻、味美如初。

　　現今的幺麻子藤椒油生產工藝依舊堅守洪雅祖傳燜製煉油法的精髓，只是透過現代加工技術與設備來達到大批量生產的目的。因此，幺麻子藤椒油的產量提升都是在技術有所突破才進行，也才能發展超過 15 年，從人工小鍋燜製到全自動化燜製，其藤椒油的核心特質「色香味」一直沒變，始終色澤金黃，異香撲鼻，清麻爽口，長期保存仍不渾不濁，色、香、味不變的絕佳調味油。

## 動手燜製藤椒油

　　每一滴藤椒油都必須從藤椒品種的繁育、採摘時間的掌握、鮮果的保鮮、載體油脂的選擇，萃取時的火候掌握等進行經驗與技術的累積。萃取燜製則需經選料、調溫、加料、攪拌、翻料、去水、燜油、去渣、過濾、冷卻、儲存等 10 道工序。

　　這裡以復原舊時煉油情景，具體呈現燜製藤椒油的完整程序，讓大家一窺「燜製」工藝的全貌，工藝程序中的火力是現代爐灶火力，有興趣的可自己動手製作。

**原料：**新鮮藤椒果 1000 克，優質菜籽油 2000 克

幺麻子早期大量依賴人力的傳統藤椒油燜製車間

**工藝程序：**

**1.** 將新鮮藤椒中的雜質、樹葉、壞果撿選乾淨後。須注意的是藤椒果從摘下後到燜製藤椒油的時間，不能超過 24 小時，否則會影響藤椒油的品質。

**2.** 鍋中倒入菜籽油，以大火燒至 7 成熱，冒青煙後轉中火，煉 2 分鐘至油熟後關火，靜置降溫。若是使用熟香菜籽油，則只需單純將油燒至 5 成熱。

**3.** 將揀選乾淨的鮮藤椒果放入罐中，待油溫降至 5 成熱時，以湯杓舀油均勻淋在藤椒果上，淋完油後，蓋緊罐口進行燜製，提取藤椒的清香成分。

**4.** 開中火，將罐中的藤椒及油一起倒入鍋中，開中火燒至 4 成熱，適度翻攪後轉小火、蓋上蓋子，外圈用濕布封緊熬製，提取藤椒的麻味。

**5.** 揭開蓋子繼續熬製並適度翻攪，當藤椒果都變成灰白或米白後關火。

**6.** 取細密漏杓或筲箕置於瓦罐上，撈入藤椒果及油，油渣分離後，蓋緊罐口，靜置冷卻。

**7.** 將涼冷的油用更細密的漏杓再次過濾後，即可裝瓶儲存。

Zanthoxylum
armatum

第三篇
藤椒葉，
一點就美味

　　川菜味多味廣，所謂百菜百味。然而，對廚師來說，工作中的溝通就成了問題，起初只是為了方便溝通而替常用的風味命名，經長時間的運用和廚界間的交流過程中逐漸定型，再經行業人士的歸納整理後，「味型」這一系統知識由此誕生。

　　味型要求除了對某一「味型」的風味、滋味明確規範外，也對需要的調料組合做出規範，此外為烹調出符合規範的風味多半需要使用對應的烹飪工藝，也就是說每一「味型」都規範了具體的滋味風格、味感表現與烹飪工藝。

# 當代新味型——藤椒味

　　傳統上，川菜味型的規範不限定所用調料的用量與調料產地的製作原料及工藝，原因是早期調料都來自川菜範圍內，各地方使用相似的工藝自產自用，滋味雖受環境與人工的影響，但差異性有限。然而有差異就存在用量的多寡，「味型」規範的高明之處就在於用味感表現做為用量的衡量標準，如糖醋味的味感要求是「入口酸香、甜感明顯」，實際烹調中，拿到的醋較酸就少用，較不酸就多用，調至符合味感要求即可。

## 藤椒味型的誕生

　　早期，不同菜系間的調料甚少流通，就不存在使用同類調料但滋味差異極大的可能性，也就沒必要要求使用特定產地工藝的調料。然而現今各類物資流通方便，甚至是在其他菜系地區烹調川菜，遇到同類調料滋味差異極大的狀況成了常態，十分容易讓菜品風味失去該有的風格，也就是說不道地了。所以，現代川菜味型體系必須對調料產地工藝做規範，這是川菜味型理論適應時代環境的重要工作，因為調料的產地工藝幾乎等同調料風味、成菜風味。

　　因此，川菜味型實際上就是風味標準化的具體展現，是具備系統性、邏輯性及標準規範性的知識。也就是說今日川菜在

全國各地傳播，味型知識應同步傳播，道地四川調料是否被選用，就成為味型是否正確呈現的關鍵。

　　藤椒味型原屬於地方風味，本就存在於洪雅及周邊地區，今日流行的原因在於藤椒油於 2002 年商品化與普及，加上不走常規路線的四川江湖菜異軍突起，創新的許多火爆菜品都大量使用藤椒油，間接促使整個傳統上只以紅花椒入菜的餐飲市場改變，接受這一早期上不了檯面的地方調味品——藤椒油。

　　此後因為藤椒油的清香麻能適應多數菜品又不須大幅度改變烹飪、調味習慣，使得市場上藤椒風味的菜品愈來愈多，清香麻風味總讓食客們印象深刻，也成為各餐館酒樓主打的爆品風味。

　　經過多年推廣、普及，大量藤椒風味

菜已成為現代川菜體系不可或缺的風味類型，在傳統 24 個味型體系中，自然形成第 25 個味型「藤椒味」，這一當代味型的代表菜品便是「藤椒缽缽雞」。

## 藤椒味型規範

　　藤椒味的基本風味是以藤椒油為主要調味料，搭配雞湯、化雞油烹調成菜，以色澤淡雅，藤椒味鮮明為其特點。

　　另可搭配乾花椒、乾青花椒、冰鮮青花椒等輔助調料，再與鹹鮮、家常、鮮椒、酸辣、香辣等複合味再次複合，成為新的複合味，可以適應更多烹調方法，更廣泛應用於各式冷熱菜，常見的有藤椒鮮辣味、藤椒酸辣味、藤椒紅油味、藤椒甜香味、藤椒麻辣味、藤椒香辣味、藤椒燒椒味等等。

### 藤椒複合味型

**特點：**在各種複合味的基礎上，體現藤椒油的清香麻特點，通常能獲得諸如鮮辣鮮麻，鹹鮮微麻，味濃爽口，味厚清香，味重適口等多種特點。食用時都應先感覺到藤椒清香，後續才是爽麻、鹹鮮、鮮辣或香辣等對應的滋味感覺。

**常用調料：**川鹽，料酒，胡椒粉，大蔥，薑片，蒜片，乾青花椒，乾紅花椒，冰鮮青花椒，青鮮辣椒，紅鮮辣椒，青鮮尖鮮椒，紅鮮尖椒，泡野山椒，醬油，鮮湯，化雞油，化豬油。

**基本調味程序：**主料洗淨改刀，以適當工藝搭配適當調輔料烹製成熟，調入藤椒油，或鍋置火上，下入藤椒油燒熱，爆香冰鮮青花椒、鮮辣椒或香辛料後澆淋在主料上即可。

**應用範圍：**適用於各種魚類、仔嫩雞兔等原料，或是各種炒、爆菜肴製作。

**常見菜品：**藤椒肥牛、藤椒片片魚、藤椒嫩仔兔、藤椒缽缽魚、藤椒小炒肉、洪州酸菜魚、藤椒拌土雞、藤椒爆鱔魚。

### 藤椒味型

**特點：**清香鹹鮮，麻辣爽口，藤椒味鮮明。
**常用調料：**藤椒油，川鹽，雞高湯，化雞油，青鮮尖鮮椒，紅鮮尖椒。

**基本調味程序：**主料洗淨改刀，下入雞湯煮熟或用化雞油烹熟，調入川鹽，青、紅鮮尖椒圈和藤椒油即成。

**應用範圍：**適用於各種本味清新，質地鮮香脆嫩的葷素食材。

**常見菜品：**藤椒缽缽雞、藤椒魚、藤椒拌豇豆、爽口木耳、藤椒雅筍絲。

# 一點，就是藤椒風味菜

藤椒學名為竹葉花椒，是青花椒的一種，但藤椒的果皮、種籽、葉子所含化合物和化學成分，明顯高於其他地方生產的青花椒，做成的藤椒油色澤清澈，顏色黃綠，具有濃郁的藤椒清香，口感微麻。

藤椒油和花椒油都是從花椒中提取出呈香、呈味的物質於植物食用油中的產品，主要麻感、風味成分來自於醯胺類化合物、檸檬烯、枯醇、牛兒醇等等。藤椒油與花椒油相比，具有麻得純正，苦澀味極低，口味清爽，麻香濃郁，麻味綿長，不哽氣，讓人有一種聞香食欲大開的感覺。

## 簡單調出藤椒味

藤椒油的基本使用方式十分簡單，總結為一句話就是「涼菜拌入，熱菜淋入」，加一點就是美味的藤椒風味。也就是說製作涼菜時，隨著調味料一起拌入、拌勻即可；熱菜則是在臨起鍋時淋入、拌勻，再盛盤，讓熱氣將藤椒香激發出來。對於一般大眾來說，更簡單的體驗方式就是吃麵條、調蘸料時放入少許藤椒油，那獨特而撲鼻的爽香滋味絕對令人食欲大振、印象深刻。

使用藤椒油入菜調味的優點有：

一、油質色澤清亮，對於拌菜和需要亮油的菜肴可增香增味，不敗色。

二、味道清香濃郁，只要一點點用量，就能體現出藤椒的獨特味感，營造出特色菜品。

因此，藤椒油除了適合製作川味涼拌菜外，其香氣撲鼻、令人食欲大增的風味，讓各式炒、燒、爆、蒸、煮等製成的菜肴風味大大提升。這也是藤椒風味菜受到愈來愈多人喜歡的原因。

　　這一基本原則適用於所有菜系的菜品，對於不熟悉藤椒油風味的人來說，可以在不改變烹調習慣的前提下，以拌、淋的方式感受藤椒油風味對自己的熟悉滋味帶來什麼改變！換句話說，只要原菜品加了藤椒油後形成不一樣風格的好滋味，實際上就等於是「開發」了一道新菜，對餐館酒樓的總廚們而言是一大福音！

　　然而藤椒油的使用是可以更多元的，才能創造出更多元的風格與滋味，才符合川菜「一菜一格、百菜百味」核心特點。藤椒油的適應面廣，具體的進階技巧如下：

　　一、使用藤椒油製作涼拌菜時，一般沒什麼禁忌，只要避免過量使用即可，過量使用會讓其他滋味被掩蓋。調製藤椒風味的味碟或涼拌菜，最好現拌現吃，避免香氣散失以及油脂氧化產生不好的味道。

　　二、製作炒、爆、蒸、煮一類菜肴時，一律採取臨起鍋前或成菜後才淋入藤椒油，確保濃郁清香味被「激發」出來。若是需要深層入味，則是炒、爆、蒸、煮前碼料時加入藤椒油。

　　三、藤椒油的風味不耐烹煮，燒、煮時間一長，風味就散光了，是所有調味油的共同問題。解決方法是原料醃味時就加入少量的藤椒油，一部分待起鍋前再調入。

　　四、製作藤椒風味火鍋時，藤椒油與乾花椒之間的互相配合很重要，因為藤椒油的香氣、滋味最多只能保持 15-20 分鐘，只能當作火鍋的前味，以誘人食欲，之後的時間就要靠乾花椒滋味緩釋的特點撐住中後場。因此藤椒風味火鍋的蘸碟中也需加少許的藤椒油，部分涮燙食材則應以藤椒油碼味。

　　四、藤椒油與多數帶酸香味的食材、調料是好搭檔，如各式泡菜、醋等。川菜中把泡菜作為主要調味的菜品中，多半要加藤椒油，如酸菜魚、酸湯肥牛等，能讓酸香味變得更鮮明而清爽。

　　五、不帶酸香的藤椒風味菜品也可點一點醋，以不讓人吃出醋的酸味為原則，成菜的藤椒香會更有層次。

　　六、借助現代工具的輔助，採取噴霧或乳化的手法讓菜品戴上藤椒的清香麻風味，成菜不見油卻擁有藤椒油的風味，擺盤變化的可能性更多。

　　七、肉類食材碼味時，可加一點藤椒油，不只去除膻氣，還可以增添風味。可適度取代乾花椒粒的功能。

# 常用調輔料

## 藤椒油

生產技藝為眉山市非物質文化遺產保護專案，並榮獲《中國綠色食品認證》的洪雅么麻子藤椒油，其鮮明的特點在於清爽、鮮香、爽麻，且油質清爽。此油是行業唯一一款雙專利藤椒油產品，採用洪雅地區新鮮藤椒、濃香型菜籽油進行傳統熱油閣製工藝，結合藤椒鮮榨浸取專利工藝，可以更好的保留藤椒營養成份不流失的同時突出藤椒油清香麻的香濃滋味！

## 清湯藤椒醬

此醬料椒麻酸爽微辣，口感醇厚，湯汁美味爽口，採用洪雅生態藤椒，加入泡生薑、泡蘿蔔、泡大頭菜、泡豇豆、泡酸菜、芽菜、生薑、泡辣椒、泡小米辣椒、藤椒油、蒜、胡椒粉、生薑等十餘種四川泡菜、調料及濃香型菜籽油、豬油、雞油按黃金比例搭配，運用小煎小炒工藝烹製而成。此外，該醬料集中火鍋和湯鍋的優勢，並避免其缺點，如醬料油少料多，且不油膩，解決了火鍋油厚油重、浪費大、餐廚廢料難收拾、湯鍋內多煮點原料味道就變清淡的缺陷，並且還能夠喝湯，是一款多用途醬料，另可用煮魚、炒菜、燒菜、蘸料等隨意搭配。

## 藤椒橄欖油

採用特級初榨橄欖油與藤椒鮮果製作而成的藤椒橄欖油，具有獨特的橄欖果香味，口感滋潤，清香麻中有著異國韻味，更適合用於西餐調味，也可直接用於中餐的各式拌、燒、蒸、炒、火鍋、麵食等菜肴中。

## 紅湯藤椒醬

紅湯藤椒醬的製作工藝採用傳統和現代相結合的單獨小炒加混合炒製方式，選取泡生薑、泡蘿蔔、泡大頭菜、泡豇豆、泡酸菜、芽菜、生薑、泡辣椒、泡小米辣椒、蒜、胡椒粉、食鹽、生薑等純天然原料。其中泡菜、醃菜類食材的製作要經過長達半年以上的泡、醃過程，生產時分類單鍋炒製，混合調味烹炒製醬。油少料多，椒香麻辣，醇厚爽口，湯汁美味爽口，屬多用途醬料，加水就能當火鍋，更適用於煮魚、炒菜、燒菜、蘸料等，可按需求隨意搭配。

## 清湯木香醬

此醬料採用洪雅生態木薑子，調入泡生薑、泡蘿蔔、醃大頭菜、泡豇豆、泡酸菜、芽菜、生薑、泡辣椒、泡小米辣椒、味精、雞精、藤椒油、胡椒粉、雞肉汁等十餘種調輔料，加上濃香型菜籽油、豬油、雞油，按黃金比例搭配，採用小煎小炒工藝，炒製程序規範且講究，不但各種調輔料的搭配比例要掌握好，且下鍋的先後順序也要合理，還有炒製的溫度、時間、火力的掌控制，才能最大程度體現出各種原料的風味特色。清湯木香醬，木香鮮明，清香爽口微辣，滋味醇厚，湯汁爽口美味，同樣是多用途醬料，加水就能當火鍋，更適用於煮魚、炒菜、燒菜、蘸料等。清湯木香醬最簡單便捷的使用方法就是一包料加上約 1200 克清水煮開，就是美味火鍋，燙煮任何食材都好吃，關鍵是湯汁特別鮮美好喝。

## 紅湯木香醬

紅湯木香醬木香味鮮明，濃郁麻辣，滋味醇厚，其製作工藝採用經典川菜工藝單鍋小炒加現代混合炒製方式，將郫縣豆瓣、泡蘿蔔、醃大頭菜、泡豇豆、泡酸菜、芽菜、生薑、泡辣椒、泡小米辣椒、辣椒、牛油、黃酒、白糖、藤椒油、蒜、雞肉汁、胡椒粉、食鹽、花椒等十數種調輔料做最佳的融合。其中醬料所用的雞肉汁是專門製做的，熬製雞肉後去掉雞肉所得的精華肉汁，非一般雞汁雞膏。同樣是多用途醬料，加水就能當火鍋，更適用於煮魚、炒菜、燒菜、蘸料等。

## 花椒油

選用優質花椒、非轉基因菜籽油為原料，使用物理壓榨提取技術配合冷法調配精製而成，有效地保持了花椒特有的麻香氣和麻香味，麻香四溢，麻味綿長。

## 木薑油

木薑子又名山胡椒、山蒼子。生長於我國長江以南各省區直至西藏。每年 7-8 月成熟，人工採集鮮果後，以菜籽油浸取新鮮木薑籽而成的一種調味油，具濃郁的辛香氣味，類似檸檬加香茅的濃縮香味，而且還有很好的增香壓腥作用。木薑油本身味道濃厚，使用時避免過量，宜少不宜多。

## 熟香菜籽油

菜籽油俗稱菜油，川渝等地部分人又叫清油，是川菜最主要的烹調用油，許多菜品的風味包含了菜籽油的風味，因此有些菜品做不出道地四川風味的原因就有可能是沒有用菜籽油（這裡指熟香型或濃香型菜籽油，去色去味的菜籽油與沙拉油一樣沒有風味）。所以說菜籽油在川菜中的重要性就像是橄欖油之於西餐。

熟香菜籽油採用濃香型非轉基因純壓榨菜籽油，以低溫熟化技術去除生菜籽油所含的貳類生味成分，能夠更好地保留菜籽油中的營養成分不易流失，口味更加醇正。傳統方法是利用高溫煉菜籽油，將油中的生味成分破壞後才使用，這步驟稱之為「煉熟」，也是菜籽油分生熟的主要原因。熟香菜籽油就是重點去除危險係數最高的煉油步驟，同時提高烹調效率與風味。

## 雅筍

市場上常見的是乾貨，需要長時間漲發後才能烹煮，本書選用通過有機認證、事先漲發好的幺麻子清水雅筍。選用瓦屋山高山清淨之地所產野生竹筍，經過無硫煙燻工藝乾燥加工成雅筍乾，採用改良的漲發工藝及保存技術處理，具有無二氧化硫殘留，筍香煙香濃郁，口感脆爽，免煮免泡，開袋即可直接烹煮等優異特點。解決乾筍最麻煩的洗、煮、發、泡的漲發程序。

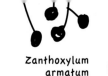

## 川鹽

川鹽指的是四川鹽井汲出的鹽鹵所煮製的「鹽」，在烹調料理上有著定味、解膩、提鮮、去腥的效果，主要成份除氯化鈉外，還有多種微量成份，如 Ca(HCO3)2-CaCO3、CaCl2、Na2CO3、NaNO3-NaNO2等，使得川鹽擁有鹹味醇和、回味微甘之獨特風味，在滋味厚重的菜品中的效果最為突出，是烹調正宗川菜必用調味品之一。

四川自貢市燊海井開鑽於清道光 15 年（西元 1835 年），歷時 13 年才鑿成，全世界第一口超過千米深的井，深 1001.42 米，產鹵並產天然氣，至今仍持續生產「川鹽」。圖為汲鹵水及煮鹽的情景。

## 郫縣豆瓣

郫縣乃四川成都平原西北面一個縣城，盛產川菜中使用最廣的調味料：豆瓣醬，也是品質最好的豆瓣醬。採用發酵後的乾胡豆瓣和鮮紅的二荊條辣椒剁細製成的醬，再經晾曬、發酵而成。成品紅褐色、油潤有光澤，具有獨特的醬酯香和辣香、味鮮辣、瓣粒酥脆化渣、黏稠適度、回味較長。

## 醋

川菜主要使用的醋是以麥麩釀成的麩醋，這類的醋以閬中保寧醋最著名。現代川菜也用山西老陳醋、浙江香醋。

## 冰鮮青花椒

冰鮮青花椒除本味外，另有花香感的青檸檬皮味或熟成的黃檸檬皮味。為適應冰凍保鮮，採用成熟度較低的青花椒果，因此其色澤碧綠、麻度輕，麻感相對明顯，但鮮香味豐富突出。

雅筍選用 2000 米以上的高山竹筍製作。圖為高山竹林，冬季時一片雪白。

## 青花椒

常見的青花椒屬於檸檬皮味型，青花椒本味鮮明而濃，具有明顯花香感的青檸檬皮味或熟成的黃檸檬皮味，顏色為濃郁的深綠色，麻度中等到中上。四川、重慶的低海拔丘陵地區都有發展。

## 紅花椒

常用品種為南路椒，風味特點屬柑橘皮味型，其芳香味是在花椒本味中帶有明顯的柑橘皮香味與涼香味。顏色屬於濃而亮的紅褐色，麻度中上到強，麻感相對細緻。著名的漢源貢椒即屬南路椒。

## 高湯

**原料：**豬筒骨（豬大骨）5 公斤，理淨老母雞 1 隻（約 1200 克），理淨老鴨 1 隻（約 1200 克），豬蹄 1500 克，雞爪 750 克，金華火腿 350 克，老薑 250 克，蔥 250 克，清水 35 公斤

**做法：**豬大骨、老母雞、老鴨、豬蹄、雞爪洗淨，下入沸水鍋中汆過後再洗淨，瀝水放入大湯桶，再放入金華火腿、老薑、蔥。加清水，大火燒沸熬 2 小時，期間產生的雜質需撈乾淨。接著轉中小火保持微沸熬 2-3 小時，濾除料渣即成高湯。

## 清湯

**原料：**高湯 5 公斤，豬里脊肉茸 1 公斤，雞脯肉茸 2 公斤，清水 3000 克，川鹽 8 克

**做法：**取熬好的高湯 5 公升以小火保持微沸，用豬里脊肉茸加清水 1000 克、川鹽 3 克稀釋、攪勻後沖入湯中，以湯杓攪掃約 5 分鐘後，撈出已凝結的豬肉茸餅備用。再用 2 公斤雞脯肉茸加清水 2000 克、川鹽 5 克稀釋、攪勻成漿狀沖入湯中，以湯杓攪掃約 10 分鐘後，撈出已凝結的雞肉茸餅。接著用紗布將雞肉茸餅和豬肉茸餅包在一起，綁住封口，放入湯中，以小火保持微沸繼續吊湯。當乳白的高湯清澈見底時即成清湯。

## 鮮湯

鮮湯即清煮豬肉、雞等留下的湯，屬於烹飪過程中的副產品，是最便於取得的提味湯汁，若手邊沒有鮮湯，就用清水。

## 紅油

**原料：** 辣椒粉 1 斤，幺麻子熟香菜籽油 5 斤，熟芝麻 3 兩

**做法：** 取一湯桶，下入辣椒粉。另取一鍋，下入菜籽油，大火燒到 170℃，轉小火，用杓子把熱油淋在湯桶中的辣椒粉上。邊淋邊攪動，最後放入芝麻，靜置 24 小時後即可使用。

## 自製剁椒

**原料：** 小米辣椒碎 500 克（希望辣度較低的可換成二金條辣椒），老薑末 100 克，泡紅辣椒碎 250 克，食鹽 100 克，味精 25 克，生菜油 300 克

**做法：** 鍋中下入菜籽油，開中大火燒至 4 成熱，轉中火，小米辣椒碎 250 克、老薑末、泡紅辣椒碎炒香。起鍋後加入小米辣椒碎 250 克、食鹽、味精拌勻，裝瓶密封放入冰箱冷藏、輕度發酵 15 天，即可使用。

## 青尖椒籽油

**原料：** 青尖椒 500 克，熟香菜籽油 500 克

**做法：** 青尖椒切碎，鍋中下入菜籽油，開中大火燒至 4 成熱。下入青尖椒碎，轉中小火熬至青尖椒軟爛變色，撈掉料渣即成。

## 鮮椒豉油

**原料：** 青二金條辣椒 500 克，蒸魚豉油 400 克，鮮湯 250 克

**做法：** 青二金條辣椒切成段，下入鍋中，加入蒸魚豉油、鮮湯，開中火燒開後轉小火熬約 20 分鐘，去掉料渣即成。

## 豆瓣紅油

**原料：** 熟香菜籽油 2500 克，辣椒粉 500 克，豆瓣醬 250 克

**做法：** 豆瓣醬斬細，鍋中下入菜籽油，開中大火燒至 3 成熱，轉小火，下入斬細豆瓣醬煵炒至出香，待油溫升到 4 成熱時，下入辣椒粉拌炒至出香出色即成。按需要取油使用或油料一起用

## 岩鹽鹵水

**原料：** 岩鹽（高純度石灰石）250 克，清水 750 克

**做法：** 岩鹽置於火上，燒至泛白變脆。清水煮沸。將燒白的岩鹽置於湯缽中，倒入沸騰的開水，壓成細碎狀後完全攪散、攪勻，接著靜置到澄清，上層澄清的部分就是岩鹽鹵水。無法取得岩鹽的地方，可購買食用生石灰。

## 澄清石膏水

**原料：** 食用級的石膏 200 克，清水 1000 克

**做法：** 取一湯缽，放入食用級的石灰，加入 1000 克清水並完全攪散，接著靜置到澄清，上層澄清的部分就是澄清石灰水。當澄清石灰水快用完時，再加入清水 700 克攪散、靜置到澄清，就能再獲得澄清石灰水。大約可重複製取 5-8 次。

Zanthoxylum
armatum

第四篇

洪雅家傳

老味道

# OLD TASTES

　　洪雅山地多於平地，可用「七山二水一分田」來概括，有最著名的世界第二大平頂山「瓦屋山」。飲食方面的菜品構成有兩大板塊，一是家常菜，一是宴客菜。

　　傳統宴客菜多體現在農村宴席，即壩壩宴、九大碗，主要由當地鄉廚操辦，其特色主要在於用料實在，時令鮮明。家常菜則保有許多具文化傳承意義的菜品，因全縣森林覆蓋率高達70%以上，為重點林場之一，竹林也密佈縣內丘陵低山處，使得山野菜、菇菌、竹筍等食材極為豐富，隨著季節輪番上桌，是最能從形式或滋味上感受洪雅獨特民風民情的風味菜。

OLD TASTES 001

# 甜燒白

**特點 /** 色澤棕紅，豐腴形美，鮮香甜糯，肥而不膩
**味型 /** 甜香味　　**烹調技法 /** 蒸

　　甜燒白又稱夾沙肉，也是洪雅傳統田席「九大碗」的甜菜。其主要原料是帶皮鮮保肋肉，即豬中間部分，具有皮薄、肥瘦相連的特點；輔料主要為糯米和自製豆沙。將豆沙夾入保肋肉片中，蒸至酥軟，吃起來鮮香甜糯，肥而不膩，深受老百姓喜愛。

**原料：**

帶皮保肋肉 250 克，糯米 100 克，化豬油 50 克，紅豆沙 35 克

**調味料：**

白糖 50 克，紅糖 100 克，糖色 5 克

**做法：**

❶將保肋肉刮洗乾淨，用清水煮斷生後撈出，抹去皮上油水，趁熱抹上一層紅糖，約 50 克，晾涼。

❷糯米淘洗乾淨後上籠蒸成糯米飯，拌入糖色、紅糖 50 克和化豬油 15 克。

❸把涼熟保肋肉切成 8 公分長、5 公分寬、0.5 公分厚的夾層片。

❹在每片保肋肉中間夾上一份豆沙，4 片一組依次擺入大斗碗。

❺接著填入糯米飯，大火蒸約 2 小時至軟糯。

❻吃時翻扣入盤，灑上白糖即可。

**美味秘訣：**

❶蒸製甜燒白的容器要選用開口大而淺的大斗碗，方便扣在盤中。

❷成菜是否美觀的關鍵在將肉與糯米飯鑲入碗中的程序上，肉要鑲整齊，糯米飯的鬆緊要適度。

❸豆沙一般是將紅豆煮至熟軟以後去皮取沙，和豬油、紅糖一起炒製而成。也可用其他雜豆製作。也可直接購買市售的豆沙餡、洗沙餡。

❹夾層片刀工是第一刀切到皮上，不切斷，第二刀才切斷，使其能夾入豆沙餡。

洪州風情 **｜九大碗｜** 洪雅地區的傳統農村九大碗，菜色或許不精緻，碗盤桌椅或許樸素，但久盼一次的豐盛及濃濃的人情味最令人懷念。

OLD TASTES **002**

# 香碗

**特點** / 色澤亮麗，鮮香味濃，酥嫩爽口

**味型** / 鹹鮮味　　**烹調技法** / 蒸

**原料：**

去皮五花肉 250 克，雞蛋 3 個，芋頭 100 克，雅筍 50 克，木耳 50 克，黃花菜 50 克，小香蔥 30 克，老薑 10 克，地瓜粉 60 克，蓮花白葉 2 張

**調味料：**

川鹽 5 克，味精 3 克，白糖 2 克，料酒 5 克，高湯 500 克

**做法：**

❶ 將五花肉剁細成肉茸，放入盆中。小香蔥葉切成蔥花、蔥白切細成末，老薑剁成末，備用。

　　「香碗」原名應為「鑲碗」，以工藝為名，成菜鮮香味醇所以美名「香碗」，歷來都是四川、重慶等地民間田席九大碗和年夜飯的重頭戲，是將食材切片後依序鑲鋪在斗碗中再填入各式輔料，傳統上多是「雜菜」，蒸透後扣至盤中成菜，透過鑲鋪順序與技巧可得到渾圓而多彩的造型。洪雅百姓人家的「香碗」一定會用到「蛋裏圓」，將豬肉茸調味後以蒸熟蛋皮裏成直徑 5-10 公分的長圓條蒸透而成。製作香碗時再切成片狀鑲入碗底。

②芋頭切塊後焯水，木耳和黃花菜分別泡發洗淨。

③蓮花白葉入滾水中燙軟，放涼備用。高湯加入川鹽 3 克攪勻成鹹味高湯，備用。

④將雞蛋磕入碗中，再將蛋清、蛋黃分離，蛋黃攪勻後，倒入 3 成熱的鍋中，攤成蛋皮。

⑤往肉茸中加入川鹽 2 克、味精、白糖、料酒、地瓜粉、雞蛋清、蔥白末和薑末調勻，攪摔出勁。

⑥在蒸屜內鋪好熟軟蓮花白葉，鋪上蛋皮，倒入調好味的肉餡，用手整成長圓型，然後用蓮花白葉及蛋皮將肉餡裹起來，上蒸籠，用大火蒸約 30 分鐘至熟透即成蛋裏圓。

⑦取蛋裏圓切成片，鑲在斗碗底部，再依序填入芋頭塊、雅筍、黃花菜和木耳，灌入鹹味高湯。

⑧上蒸籠用大火蒸約 40 分鐘，出籠後扣在湯盤中，撒上蔥花即可。

**美味秘訣：**

❶肉茸要攪摔出勁，使其起膠，蛋裏圓成品才不會一切片就碎斷不成形，也能保證口感。

❷最後填入碗中的雜菜輔料，可靈活變化，葷素不拘，鮮美味佳的都行。

**雅自天成▲** 開闊的藤椒基地才能確保每棵椒樹都有充分的日照，以轉化出豐厚的清香麻的滋味。

OLD TASTES 003

# 糖醋脆皮魚

**特點** / 色彩美觀，皮酥脆肉細嫩，鮮香醇厚，甜酸味美

**味型** / 糖醋味　　**烹調技法** / 炸

**原料：**

鮮鯉魚 1 尾（約 750 克），泡紅辣椒絲 10 克，蔥絲 15 克，薑米 10 克，大蒜米 20 克

**調味料：**

川鹽 8 克，味精 1 克，中筋麵粉 150 克，雞蛋 2 個，醋 50 克，白糖 75 克，芝麻油 8 克，料酒 10 克，太白粉水 150 克，清水 150 克，菜籽油適量（約 2500 克）

**做法：**

❶鯉魚宰殺治淨，先在魚下巴砍一道口，接著在魚身兩面先直刀剞近魚骨，再轉平刀往魚頭切約 4-5 公分，成為連在魚身上的片，大約 5-6 刀。

❷用川鹽 4 克和料酒抹魚身上，碼味 10 分鐘。取寬深盤放入中筋麵粉，磕入雞蛋，攪勻成全蛋糊。

❸炒鍋置旺火上，放菜油燒熱。同時將碼好味的魚擦乾，手提魚尾，下入脆漿中以拖拉的方式使全蛋糊均勻裹在魚的每個角落。

❹油溫達 6 成熱時，手提魚尾於油鍋上，用炒杓舀熱油

全魚菜肴都屬傳統上的大菜，多是逢年過節或是宴客時才能一親芳澤，因此在工藝或食材選擇上較講究。在滋味選擇上，糖醋味是最受歡迎的，甜酸味濃而分明，回味鹹鮮，給人較大的滿足感。現今因番茄汁的普遍，許多人分不清茄汁味和糖醋味，因都是甜酸味道，且都是調製魚肴的上選。其主要差異在茄汁味用番茄汁（番茄）調出甜酸味，吃的是果酸香，成菜較紅亮，糖醋味用醋調甜酸味，吃的是醋酸香，成菜偏棕紅。

淋在魚身上，直至定型。

❺轉中小火，將定型的魚慢慢放入油鍋，炸至色澤金黃、皮酥肉嫩時撈出，立放於魚盤內。

❻用川鹽、白糖、太白粉水和清水兌成滋汁。

❼炒鍋置旺火上，放菜油 30 克燒至 5 成熱，轉中火下薑米和蒜米炒香，烹入滋汁推勻，待汁收濃起「魚眼泡」時，放入醋和芝麻油，起鍋澆在魚身上，再撒上泡紅辣椒絲和蔥絲即成。

## 美味秘訣：

❶掌握魚的剞刀方法，做到兩面對稱一致，刀距相等。

❷全蛋糊宜乾不宜稀，以能掛在魚身上為度。

❸炸魚時需掌握好油的溫度，油溫太低不易上色，過高容易外焦而內不熟。

❹炸製時可在定型後，瀝油靜置 5-8 分鐘後，再下油鍋複炸一次，口感更加酥脆。

❺糖醋用量要足，味才有醇厚感。汁的濃稠要適度，宜薄不宜厚。

**洪州風情｜五月臺會｜** 四川洪雅縣的「五月臺會」源自止戈鎮五龍祠的廟會活動，原名「抬會」，由人抬著，現多是車載故更名「臺會」，為早期農曆五月城隍廟會的一部分，現已成為獨立的民俗活動。民眾透過抬著忠孝節義或降魔伏妖故事為主題的造型花台跟隨神明出巡的方式，導正社會風氣。2007 年，洪雅臺會被列為四川省第二批省級非物質文化遺產名錄，同年，洪雅縣也被文化部確認為「中國民間臺會藝術之鄉」。圖為早期至今日的五月臺會變化。

OLD TASTES 004

# 鄉村坨坨肉

**特點** / 色澤紅亮，肥而不膩，軟糯適口
**味型** / 鹹鮮味　　**烹調技法** / 燒

　　「坨坨肉」是壩壩宴常見的菜品，川話中將「大塊」的意思用疊字「坨坨」表示，表達肉塊大，主人盛情難擋的姿態。洪雅的鄉村坨坨肉在常見的川菜做法基礎上，採用白燒的工藝並加強燒製前的油炸工序，去除了肉中的部分油脂，這避開了白味燒肉容易膩的問題，且以海帶做輔料，一來吸去部分油脂，二來增添內地少有的「海味」，實際口感反而十分爽口，即使在現今普遍「吃多了」的市場也不必擔心因為發膩而不被接受。

**原料：**

帶皮五花肉 500 克，漲發海帶 200 克，八角 3 枚，老薑片 15 克，大蔥段 20 克，芽菜 20 克

**調味料：**

川鹽 5 克，味精 5 克，紅糖 20 克，清水 30 克，鮮湯 1200 克，菜籽油適量（約 1500 克）

**做法：**

❶ 取一淨鍋，下入紅糖、清水，以中小火炒成糖色。芽菜治淨後切成 2 公分長的小節，漲發海帶切長片狀。

❷ 五花肉治淨後放入清水鍋內煮熟後撈起，切成 3 公分見方的坨坨狀，趁熱抹上糖色。

❸ 在淨鍋中下入約 1500 克菜籽油，中火燒至 6 成熱後，將抹好糖色的五花肉下入油鍋中炸至表皮皺起並呈金黃色，起鍋瀝油。

❹ 鍋內摻鮮湯調入川鹽，下八角、老薑片、芽菜節、大蔥段和坨坨肉，大火燒開後轉小火燒約 45 分鐘時下入海帶。

❺ 續燒 15-20 分鐘至炲軟，調入味精即可。

**美味秘訣：**

❶ 煮五花肉時可放一塊豬筒骨一起煮，等到肉煮熟撈起後，豬筒骨繼續熬製，成為後面燒肉的鮮湯。

❷ 選用整根的芽菜比碎米芽菜效果更好。

❸ 五花肉下油鍋炸，主要是定色，同時去除部分油脂。

**洪州風情 | 永續農業 |**

傳統農業技術雖依賴人力、畜力，但祖輩們卻能更聰明的利用農家堆肥及自然的相生相剋原理管理農作，少了農藥化肥，反而是最符合「永續農業」的耕作方式。

OLD TASTES 005

# 薑汁肘子

**特點** / 色澤棕黃，薑香味濃，炟糯適口，肥而不膩

**味型** / 薑汁味　　**烹調技法** / 燉

**原料：**

豬肘子1只（約重900克），老薑45克，大蒜30克，青蔥20克，小香蔥30克

**調味料：**

郫縣豆瓣50克，辣椒粉15克，泡辣椒50克，川鹽2克，白糖15克，香醋15克，醬油15克，沙拉油150克，太白粉水15克，鮮湯200克

**做法：**

❶肘子刮洗乾淨，先焯水治淨，然後放入加有10克老薑片、青蔥的水鍋內燉約2小時至軟爛。

❷取老薑35克切末，大蒜切成蒜末，郫縣豆瓣剁細，泡辣椒剁細，小香蔥切成蔥花，均備用。

❸鍋內放沙拉油燒熱，下薑末、蒜末、郫縣豆瓣、辣椒粉、泡椒末等炒香出色後加入鮮湯，然後調入川鹽、白糖和醬油，調入太白粉水勾薄芡後加入醋，起鍋淋在肘子上，最後撒蔥花即成。

　　薑汁味是川菜中極具特點的味型，重用老薑所獲得的滋味辛香微甜，能一定程度抑制膩口的味感，在農村壩壩宴中多用於形整的肘子菜，在燉至軟爛的肘子上掛薑汁味澆料，吃時薑香味鮮明、開胃爽口，肘子肥而不膩。在過去，除了體現主人盛情外，更是讓親朋好友解油葷癮的重頭菜。

---

**美味秘訣：**

❶燉肘子時，湯燒開後先轉為小火燉半小時，然後關火、蓋緊蓋子悶 1-2 小時，吃前再用小火燉 1 小時。如此不僅能使肘子酥爛可口，而且也能保持形狀完整。

❷郫縣豆瓣和泡辣椒都需要剁細，否則成品口感不佳。

洪州風情 | **漢王鄉** |

洪雅最古老的鄉鎮——漢王鄉，位於洪雅縣城西偏北的總崗山中，歷史上曾名為「邛郵」，是西漢時臨邛至嚴道間的郵驛。話說漢高祖劉邦慣寵其第七子淮南王劉長，劉長目無法紀，到漢文帝時只好將其貶送「邛郵」。途中不堪凌辱，拒絕進食而死，嚴道縣地方官府遵照朝廷禮制，把為劉長在「邛郵」修建的行宮改為春秋祭祀的祠廟——「漢王祠」。地因祠廟而聞名，不久「漢王」就取代了「邛郵」，距今已有 2180 多年。「漢王祠」雖經唐、宋、明、清各代重建，現也已片瓦無存，但「漢王」地名卻一直沿用至今。圖為漢王湖（總崗山水庫）與遷移後的漢王場。

OLD TASTES 006
# 農家香腸

**特點**／麻辣醇香，色澤紅亮，臘香濃郁

**味型**／麻辣味　　**烹調技法**：／灌、煮

　　香腸是一種非常古老的食物生產和肉食保存技術的食物，東西方都可見其蹤影。都是將動物的肉切成小條或小片，調好味後灌入腸衣，經煮、燻或風乾後而成的長圓柱狀食品。各菜系地區都有具特色的香腸類型，川菜地區較普遍的有五香味香腸、香辣味香腸及麻辣味香腸。

　　洪雅人家每到過年都要殺年豬並自製各種香腸，再藉助冬季的乾冷，讓香腸可以快速風乾，以便保存得更久。這樣的食俗也普遍存在於四川很多地區。現今的洪雅農家香腸，最大的特點就是選用農家生態豬豬肉製作，成品肉味香濃而滋潤。

**原料：**去皮五花肉 500 克，豬腸衣 50 克

**調味料：**川鹽 10 克，味精 10 克，胡椒粉 1 克，花椒粉 5 克，辣椒粉 20 克，冰糖粉 10 克

**做法：**

❶將去皮五花肉切成小薄片，放入盆中；豬腸衣刮洗乾淨並晾乾水分。❷往切好的五花肉片中加入川鹽、味精、胡椒粉、花椒粉、辣椒粉、冰糖粉等碼拌均勻，靜置醃 30 分鐘。❸把醃製好的五花肉灌入腸衣中，每 15 公分左右扭一個節。❹全部灌好後，晾在陰涼通風處，風乾約半個月。❺將風乾好的香腸洗乾淨，放入水鍋內大火煮熟後，轉中小火再煮 10 分鐘後撈起，等涼冷後切成薄片即可。

**美味秘訣：**

❶在灌入的過程中可以用牙籤在腸衣上刺些小孔，避免空氣堵在裡頭，更便於灌製且香腸不易因夾雜其中的空氣而膨脹。❷控制煮製香腸時間的目的在於控制口感與鹽味，川式香腸為起保存作用，通常鹽味偏重，透過煮的時間釋放部分鹽味。❸煮好的香腸涼冷後再切更便於成形。❹香腸也可用蒸製的方法成熟，香氣、滋味更濃，鹹度也較高。

**洪州風情｜知客師文化｜**

知客師文化是洪雅地區的傳統民俗現象，知客師主要是作為鄉鎮上各家婚喪嫁娶的總負責人，相當於現在飯館酒樓負責安排、接待客人的大堂經理角色。民間知客師靠口傳耳記，以語言豐富風趣詼諧、能說會道善表演為其特點，且招呼應酬等方方面面都考慮周全，往往能給主人帶來喜慶，給客人帶來歡笑，增添熱鬧和吉祥。

酢粉子是洪雅地區田席九大碗必備的一道甜香蒸菜，以其甜香脂香濃郁，口感軟糯，深受人們喜愛，且在早期物資不充裕的時代，一道豬油香濃郁的酢粉子可頂一道葷菜，實惠又有面子。紅薯含有豐富的澱粉、維生素、纖維素等人體必需的營養成分，還含有豐富的鎂、磷、鈣等礦物元素和亞油酸等。這些物質能保持血管彈性，對防治老年習慣性便秘十分有效。遺憾的是，人們大都以為吃紅薯會使人發胖而不敢食用。其實恰恰相反，紅薯是一種理想的減肥食品，熱量只有大米的1/3，而且因其富含纖維素和果膠而具有阻止糖分轉化為脂肪的特殊功能。

# 酢粉子

**特點／**香甜軟糯，色澤紅亮，口齒留香，營養豐富

**味型／**香甜味　　**烹調技法／**蒸

**原料：**乾糯米 200g，紅薯 50 克

**調味料：**紅糖 10 克，白糖 30 克，豬油 10 克，五香粉 3 克，清水 100 克

**做法：**

❶取一乾的淨鍋上小火，下入乾糯米慢炒約 45 分鐘至微黃並出香氣。❷炒香的糯米晾涼後，拌入五香粉，用磨粉機磨成粉，即成五香糯米粉。❸將紅薯去皮，洗乾淨後切成小塊放在盤底。❹取一淨鍋，開中火，加入清水、豬油、紅糖和白糖 20 克煮滾後轉中小火熬化。❺把熬好的混合油糖水和五香糯米粉和勻後蓋在盤中紅薯上，用大火蒸兩小時。❻把蒸好的紅薯和糯米粉子一起倒盆中，趁熱用鍋鏟或湯杓壓細後和勻，然後重新定碗上，複蒸 30 分鐘後，扣入盤中，撒上白糖 10 克即可。

**美味秘訣：**

❶批量製作時可直接把紅薯單獨蒸熟後製成紅薯泥，再與混合油糖水一起調入糯米粉中揉勻後再蒸透。

❷熬煮混合油糖水時要掌握好火候，熬出糖香，但不能燒焦。

❸五香糯米粉可一次大量製作，需要多少取多少。

**雅自天成▲** 四川洪雅高廟古鎮風情。

OLD TASTES 008

# 紅燒瓦塊魚

**特點** / 色澤紅亮，形似瓦塊，家常味濃郁

**味型** / 家常味　　**烹調技法** / 燒

**原料：**

鯉魚 1 條（約 1500 克），小香蔥花 50 克，韭菜花 50 克，藿香葉碎 50 克，蒜苗花 50 克，薑末 10 克，蒜米 25 克

**調味料：**

川鹽 5 克，味精 5 克，料酒 15 克，郫縣豆瓣 30 克，辣椒粉 10 克，白糖 5 克，胡椒粉 1 克，豌豆粉 100 克，菜籽油 50 克，太白粉水 30 克，鮮湯 150 克，沙拉油適量（約 1500 克）

**做法：**

❶ 鯉魚宰殺治淨後對剖再斬成大塊，用川鹽 2 克和料酒、胡椒粉等醃製 5 分鐘。

❷ 淨鍋中下入沙拉油，大火燒至 5 成熱後轉中火。

❸ 豌豆粉放入盤中，取醃好的魚肉沾裹均勻，下入油鍋中炸至熟透、上色。

❹ 淨鍋內放菜籽油，中火加熱至 5 成熱，下郫縣豆瓣、蒜米、薑末、辣椒粉等炒香出色。

❺ 摻入鮮湯，放入炸好的魚肉，調入川鹽、味精、白糖推勻煮開，再轉小火慢燒。

　　紅燒瓦塊魚是洪雅當地的一道大眾菜，芡汁明亮，軟嫩透味，醇香滑爽，菜名源自將全魚對剖後斬成大塊，大魚塊形似屋瓦而得名。此菜來自早年農村家庭餐桌，當時多按季節捕撈江、湖、池塘的魚，沒有冰箱保存怎麼辦？就用最省事的方法，將全魚對剖理淨，斬成大塊後炸熟且偏乾，半弧形外觀確實像是瓦塊，這樣就可以放上幾天不壞。之後再回鍋燒成菜，因帶有炸收工藝的效果，特別入味、濃郁為其特色。

❻燒約 8 分鐘至入味後，下小香蔥花、韭菜花和蒜苗花推勻。接著下太白粉水勾薄芡起鍋裝盤，灑上藿香碎即成。

**美味秘訣：**

❶勾芡不宜太濃，濃了容易發膩。

❷炸製魚肉時，可稍微炸得乾些，紅燒時更能吸收湯汁，味更厚。

❸炸製後的魚肉雖不易燒爛，但也要避免火力過大將魚肉沖碎。且火力大了，湯汁一下燒乾，會入味不足。

洪州風情｜**茶館**｜1950 年代，「穿城三里三，環城五里五」的洪雅城內外，只有一萬左右的居民，茶館卻有十家之多，各具特色，濃縮了四川茶館的風韻。在四川，茶館是具有多種功能的公共場所，有人說四川地區是「茶館多過米店」並不誇張。洪雅的茶館也承襲這一特點，除了是大眾而同親朋聚會的休憩娛樂之所外，也是商人洽談生意，歇腳解乏、乘涼解渴，江湖藝人謀生之地，道琴、大鼓、曲藝、評書都聚集在此，環境清幽的茶園，則是文人雅士吟詩論文的理想之地；對好學的大學生、中學生，則是讀書和休閒的好去處。圖為今日縣城老街及青衣江邊的茶館，一早 7 點多就準備迎接茶客。

OLD TASTES 009

# 板栗燒豬尾

**特點** / 色澤棕黃，豬尾軟糯，板栗香醇，鹹甜適中

**味型** / 醬香味　　　**烹調技法** / 燒

豬尾俗稱皮打皮、節節香，主要由皮質和骨節組成，看似不起眼，卻是絕佳的食材，皮多膠質重，質地糯口。家庭烹製多採燒、鹵、醬、涼拌等方法。這裡用四川本地品種的板栗來燒豬尾，其突出的甜香與化渣的口感，讓整體口感層次多樣。從養生的角度來說，板栗健胃補腎，豬尾的膠質能養顏，兩者搭配成菜，相得益彰。

**原料：**

豬尾 3 根（約 1200 克），去殼板栗 250 克，清江菜 10 棵，老薑 20 克，大蔥 1 根，八角 2 枚，草果 1 個

**調味料：**

川鹽 8 克，味精 5 克，白糖 5 克，糖色 60 克，高湯 1000 克，沙拉油適量（約 1500 克）

**做法：**

❶豬尾治淨，放入加了老薑和大蔥的水鍋內煮熟。

❷淨鍋中下入沙拉油，中大火燒至 6 成熱，下煮熟的豬尾炸成虎皮狀。

❸將虎皮豬尾砍成 3 公分的節；清江菜汆燙斷生，備用。

❹鍋內摻高湯，放入豬尾和板栗，用糖色調好色，大火燒開後轉小火燒約 45 分鐘至炖，起鍋前加入川鹽、味精和白糖推勻即可起鍋，裝盤後用汆熟清江菜圍圈裝飾即可。

**美味秘訣：**

❶若只買到帶殼板栗，其去殼方法為：帶殼板栗劃一道小口，倒入加了少許鹽的開水鍋內煮 5 分鐘，撈出浸泡在冷水中，冷卻後即可輕鬆完整的剝下板栗。

❷清江菜即青江菜，在這裡主要是起到調劑顏色的作用。

**洪州風情 | 高廟白酒第一窖**
| 位於海拔 1000 多米的高廟古鎮玉灣路，以早期禹王宮會館改造的酒廠，為目前唯一歷史最久，連續使用、釀酒至今的老窖池，其窖池和釀酒作坊已被列入洪雅縣文物保護單位。正是因為這獨有的文物級古窖和手工釀酒作坊，才有獨一無二的高廟白酒。

## OLD TASTES 010

# 麻辣土雞

**特點** / 色澤紅亮，麻辣味濃，雞肉回甜

**味型** / 紅油麻辣味　　**烹調技法** / 煮、拌

**原料：**

理淨跑山土公雞 1 隻（約 1500 克），老薑 20 克，大蔥節 50 克

**調味料：**

川鹽 10 克，味精 10 克，料酒 10 克，生抽 30 克，白糖 15 克，花椒粉 8 克，紅油辣子 200 克

**做法：**

❶理淨土公雞洗淨，下入老薑（拍破）、大蔥節和料酒的水鍋內，大火燒開後轉小火煮約 20 分鐘至熟透，離火後讓雞泡在湯中靜置到完全涼冷。

　　洪雅農村養雞多半是散養，以市場說法就是跑山雞，其肉質緊實有嚼勁，肉香味濃，愈嚼愈香，是作涼拌雞肴的最佳食材。農家製作紅油沒有複雜的香料，只有辣椒粉、白芝麻、菜油而已，滋味豐富的關鍵在選用香辣感醇濃的二金條辣椒粉及恰當的火候。紅油調製麻辣味的特點為麻辣味濃，色澤紅亮，滋潤過癮。

❷撈出自然冷卻的雞，斬成小條狀置於深盤中。

❸取一湯碗，下入川鹽、味精、白糖、花椒粉和生抽攪勻，加入紅油辣子拌勻，倒入盛雞肉的盤中即可。

**美味秘訣：**

❶煮雞肉時火不能太大，以免把雞皮煮破。

❷煮熟的全雞泡在湯中涼冷可以讓雞肉食用時更滋潤。

❸製作紅油辣子時，可以混合二三種辣味、香味不同的辣椒粉，紅油滋味層次更多。

**洪州風情｜青衣江｜** 穿洪雅縣而過的青衣江發源於四川雅安市寶興縣磽磧鄉北面夾金山與巴朗山連接處的蜀西營，由寶興河、蘆山河、天全河、滎經河四大支流構成扇面流域，分別從北、西、南三面彙集於飛仙關，後續河段才開始稱青衣江，後經雅安納周公河（又名雅安河），至草壩鄉順河村納名山河，從名山河匯口處龜都府進入洪雅縣境內，納花溪河、雅川河（又名安溪河），在蘆溪口進入夾江縣境，最終在樂山市虎頭山下草鞋渡匯入大渡河。

青衣江在洪雅羅壩古鎮段的全景。

OLD TASTES 011

# 水豆豉蹄膀

**特點**／色澤棕黃，豆豉味濃，麻香微辣，肥而不膩

**味型**／藤椒家常味　　**烹調技法：**／煮、淋

在洪雅，幾乎家家戶戶都會做水豆豉，其獨特的發酵味道猶如臭豆腐一般，叫人愛恨分明。「水豆豉」是豆豉調料家族的一支，最早出現在宋代，各地叫法不同。四川、湖南及北方一些地區叫水豆豉，江西稱陰豆豉，江蘇則叫醬豆豉，還有徽豆豉、臭豆豉的說法。四川地區的豆豉工藝是清初「湖廣填四川」大移民時由江西移民帶入巴蜀，有常見的黑色豆豉，還有具地方特色的紅苕豆豉、薑豆豉、水豆豉，每一種豆豉在川菜中都分別有不同烹調食用方式。

**原料：**豬蹄膀 1 個（約 1500 克），老薑（拍碎）30 克，紅花椒 1 克，蒜米 15 克，薑米 20 克，水豆豉 300 克，青美人辣椒粒 25 克

**調味料：**川鹽 5 克，味精 4 克，太白粉水 30 克，清水 2500 克，熟香菜籽油 35 克，藤椒油 15 克

**做法：**

❶豬蹄膀清洗乾淨，拔淨細毛，入熱水鍋汆一水。❷高壓鍋放入清水、豬蹄膀、拍碎老薑、紅花椒，蓋好鍋蓋，大火燒至上氣後，轉中火壓煮 15 分鐘至㸆軟，泄壓後開蓋，撈出蹄膀置入盤中。❸鍋中放菜籽油，開中火燒至 5 成熱，加入蒜米、薑米、水豆豉炒香。❹調入煮豬蹄膀的鮮湯 250 克、川鹽 5 克、味精、青美人辣椒粒推勻後用太白粉水勾欠，下入藤椒油推勻後淋於蹄膀上即成。

**美味秘訣：**

❶高壓鍋壓煮完成，務必確認已充分泄壓後才開鍋蓋，避免危險。

❷煮蹄膀時也可加少許川鹽添加底味，味感較厚。

❸成菜後也可撒上適量蔥花，增添鮮香味。

**雅自天成▲** 白刺尖有筋菜、鵝掌筋、三葉五加、三加皮、刺三加等多個名字，是洪雅地區常見野菜。

**洪州風情｜洪雅三寶鎮｜** 白天年輕人都外出工作，鎮上老街的老年人們相約打牌，雨天也澆不熄他們的興致。

# 涼拌白刺尖

**特點／**芳香濃郁，營養健康

**味型／**藤椒鮮辣味　　**烹調技法／**焯、拌

　　白刺尖即滙菜，屬於五加科，可謂洪雅野生蔬菜一絕，山間田邊皆有生長，一直是農村春夏兩季的家常菜，又《本草綱目》記載滙菜有「解百毒」之效，滋味爽口，芳香獨特，現已成為許多人心目中的天然保健蔬菜。

**原料：**白刺尖 200 克，小米辣椒 5 克、蒜頭 5 克

**調味料：**川鹽 4 克，味精 2 克，藤椒油 5 克

**做法：**

❶將白刺尖洗淨後放入開水鍋中焯一水，撈出在冷開水中漂冷。
❷白刺尖漂冷後切成小段，擠去多餘水分，納入盆中；小米辣椒切成圈，蒜頭切碎。❸往白刺尖中加入川鹽、味精、蒜頭碎、小米辣椒圈和藤椒油拌勻即可。

**美味秘訣：**

❶白刺尖焯水的時間，可根據自己追求的口感，比如脆或軟等來適當調整。❷紅小米辣椒圈不僅能賦予鮮辣味，還能起到調色的作用。

OLD TASTES 013

# 椿芽煎蛋餅

**特點**／色澤金黃，椿芽味濃，營養豐富
**味型**／鹹鮮味　**烹調技法**／煎

　　洪雅的地理環境有七山一水二分田之說，山多自然野菜品種就多，香椿算是其中之一，更有「樹上的蔬菜」美名。雖不是洪雅特產，卻十分普遍，被用來拌豆腐、佐白肉等，但洪雅人最愛的是與雞蛋搭配，成菜香氣獨特，簡單而絕妙。椿芽的季節性十分強，一般來說清明前的最香嫩，之後其纖維老化速度加快，即使是芽，口感仍不佳。

**原料：**土雞蛋 3 個，椿芽 50 克

**調味料：**川鹽 3 克，味精 1 克，菜籽油 20 克

**做法：**

❶椿芽洗乾淨後切成細末。❷土雞蛋加入川鹽和味精調勻。❸把椿芽末和入雞蛋液中調勻。❹鍋內下油燒熱，倒入調好的雞蛋液，煎至兩面金黃即可。

**美味秘訣：**

❶煎的時候先熱油至 7 成熱（210℃左右）炙鍋，關火，待油溫降至 5 成熱（150℃左右），再倒入雞蛋液，重新上中火煎製。這程序做好，首先是不易沾鍋，其次是成形更美觀，色澤也更佳。❷雞蛋本身的鮮味很足，味精也可不加。

# 椿芽白肉

**特點**／椿芽清香，豬肉肥而不膩，蒜香濃郁，回味微甜
**味型**／蒜泥味　**烹調技法**／煮、拌

**原料：**豬二刀肉 400 克，蒜泥 50 克，香椿芽 60 克，萵筍 200 克

**調味料：**川鹽 4 克，味精 1 克，甜醬油 30 克，紅油辣椒 50 克

**做法：**

❶豬二刀肉洗淨，放入湯鍋，加適量清水，開中火煮開後續煮約 8 分鐘至 8 成熟，關火後泡約 20 分鐘後撈出晾涼。 ❷香椿芽入沸水中汆一水，撈起後用涼開水漂涼，擠去多餘水分後切成碎。❸萵筍切片，加川鹽 2 克拌勻，靜置 5 分鐘後潷去多餘的水分，鋪在盤底。❹將涼冷的二刀肉切成薄片，碼放在盤中青筍片上。❺取一碗，放川鹽 2 克、味精、甜醬油、蒜泥和紅油辣椒調成味汁淋在肉片上，撒上香椿碎。食用前拌勻即可。

**美味秘訣：**

❶二刀肉煮至 8 分熟後，利用湯水餘熱泡熟，可確保肉香味足、肉質滋潤。❷汆燙香椿芽的時間應短，斷生即可，避免椿芽芳香味過度流失。❸椿芽的保存法為入熱水汆燙斷生，涼開水漂涼後，按每次使用量裝入塑膠袋中，將其放入 -20℃～ -15℃的凍庫中迅速凍結，即可儲藏。解凍後風味、色澤依舊。

*洪州風情*│**羌風楚韻**│據史料記載西元前 223 年秦滅楚後，強行將楚嚴王後裔遷徙到荒僻的西蜀瓦屋山區，傳說就是定居於洪雅瓦屋山復興村一帶，帶來了先進的生產技術和楚文化，與當地青衣羌人千百年的和睦相處而融為一體，形成民族學上獨特的「羌風楚韻」地域文化。

中華傳統節日多伴隨著祭祀儀式，其中豬坐臀肉經頭刀取下後，二次用刀修得方整後成為祭祀三牲中的要角，這塊肉因此又被稱之為二刀肉。二刀肉皮薄肉嫩、肥而不膩，為川菜帶來「回鍋肉」、「蒜泥白肉」等節日菜，現今更成了四川名菜。洪雅椿芽白肉是在蒜泥白肉的基礎上添加春季的香嫩椿芽，清香爽口，為舌尖增添口味變化。

OLD TASTES 015

# 香酥麵魚

**特點** / 外酥裡嫩，色黃肉香

**味型** / 香辣味　　**烹調技法法** / 炸

　　「麵魚」，顧名思義就是所裹的粉比較厚，與製作酥肉一樣，對於早期物資較不豐盛的環境來說，是變相增加「肉量」的方法，讓素寡的腸胃能小小滿足一下，宴客時更能節約費用。另一方面「麵魚」、「酥肉」確實酥香好吃，此外製作麵魚的野生雜魚個頭都較小，經過油炸後十分酥脆，多可連骨帶刺一併吃掉，特別香，雖不起眼，卻是許多人的最愛，既能回味又滿足了胃。

**原料：**

野生雜魚 300 克，豌豆粉 50g，雞蛋 2 個

**調味料：**

川鹽 4 克，辣椒粉 8 克，花椒粉 2 克，菜籽油適量（約 1500 克）

**做法：**

❶ 將野生雜魚宰殺治淨。

❷ 雞蛋與豌豆粉和勻，調入川鹽 2 克和花椒粉攪勻。

❸ 取一小碗，放入川鹽 2 克、辣椒粉混和均勻即成乾辣椒碟。

❹ 鍋中下入菜籽油，大火燒至 6 成熱，轉中火。把治淨的魚在雞蛋豆粉糊中裹一下，放入油鍋中炸至酥脆後瀝油裝盤，食用時搭配乾辣椒碟即可。

**美味秘訣：**

❶ 魚的個頭較小，應耐心宰殺治淨，避免成菜夾帶腥異味。

❷ 炸製時可在麵魚定型後轉小火慢炸至熟透，臨起鍋前轉大火升油溫上色，成品更加酥脆。

❸ 可以根據自己口味準備其他蘸料蘸食。

洪州風情 **│槽魚灘│** 洪雅槽魚灘之名源自受激流侵蝕的獨特河床地形，更影響當地的捕魚方式，以岩槽中撈魚或定點下網誘捕，而非一般的下網撈捕。因修電站，已難見到河床的樣貌，圖為槽魚灘捕魚風情及三寶鎮段的青衣江河床樣貌可供想像。

OLD TASTES 016
# 石磨豆花

**特點** / 豆花細嫩，入口爽滑，香辣味美

**味型** / 香辣味　　**烹調技法** / 點

**原料：**

黃豆 500 克，岩鹽鹵水（見 055 頁）15 克，小香蔥花 10 克，花生碎 50 克

**調味料：**

郫縣豆瓣 100 克，花椒粉 10 克，辣椒粉 50 克，菜籽油 200 克，精煉植物油 20 克，藤椒油 5 克，木薑油 2 克，清水 5000 克

**做法：**

❶黃豆洗淨，加三倍的水量浸泡 10 個小時至完全漲發，瀝水後搭配清水 5000 克，用磨漿機磨成豆漿。

　　在農村，若親朋好友來訪，必定從前一天就開始泡精選的黃豆，隔天一早磨成生豆漿，接著煮豆漿、點鹵成一鍋豆花。豆花雖便宜，對於農村來說，代表的是主人禮輕情意重的心意。洪雅豆花的製作程序與其他地方基本一樣，但關鍵的點鹵卻是偏好使用當地俗名「岩鹽」的生石灰岩，燒透後沖入熱開水做成的鹵水，點出來的豆花相較於鹽鹵豆花其豆香清新，口感滑嫩。

❷取湯鍋，開中火，下入精煉植物油，將過濾後的豆漿倒入鍋內，開始加熱，直至豆漿確實沸騰後關火。

❸待豆漿溫度降到 70-80℃時，用大湯杓子舀少量岩鹽鹵水在豆漿面上以畫圓的方式輕輕滑攪，當凝結停止時，再舀一點鹵水滑攪，一直重複到鍋內豆花全部成型、上層水變清後停止攪動。

❹用篩子輕輕的漳開已成型的豆花，舀去部分上層清湯水，一邊舀水一邊輕壓鍋內的豆花，至豆花變緊後，用刀將其劃成均勻的小塊。

❺鍋內放油，下豆瓣炒香出色，調入花椒粉、辣椒粉和花生碎，即成香辣醬。

❻取兩蘸碟，分別舀入適量香辣醬並放上小香蔥花，最後調入藤椒油即成藤椒味碟，加木香油即成木香味碟，隨配豆花食用。

**美味秘訣：**

❶若磨漿機不具備除渣功能就須用紗布袋過濾豆渣。

❷點豆花時，可透過杓子上粘的豆腐皮多寡，判斷豆花製作成功與否，多的話就是成功。

❸植物油是天然的豆漿消泡劑，避免煮豆漿過程中的浮泡過多，形成「假沸」現象，影響沸騰狀態的判斷。

**雅自天成▼** 洪雅縣「雅女湖」即瓦屋山水庫，遠方雲中的瓦屋山被喻為洪雅的「父親山」，與「母親河」青衣江一同養育洪雅文化。

OLD TASTES 017

# 燒辣椒拌皮蛋

**特點**／椒香濃郁，菜油香突出，酸香微辣，皮蛋滑爽

**味型**／煳香燒椒味　　**烹調技法**／燒、淋

青衣江穿洪雅縣而過，多數人家都有養鴨，當產蛋的季節一到，鴨蛋常是多到吃不完，除了做成鹹蛋，大部分家庭選擇做成皮蛋，至今還保留著傳統製作工藝。皮蛋又名「變蛋」，常見的有二種，鴨蛋做的墨綠色皮蛋，另一為雞蛋做的，金黃透明如琥珀的皮蛋，原理一樣，都是泡入鹼性且有調味的液體，但鹼性的來源不同，墨綠色皮蛋用松柏枝灰、碳酸鉀、碳酸鈉等讓液體成強鹼性，而金黃色皮蛋單用石灰讓液體成強鹼性，強鹼經滲透作用轉化蛋白及蛋黃的質地及風味。

**原料**：皮蛋 3 個，二金條青辣椒 200 克

**調味料**：川鹽 2 克，味精 1 克，生抽 5 克，醋 3 克，熟香菜籽油 8 克，藤椒油 2 克

**做法：**

❶二金條青辣椒用小火燒烤至外皮呈虎皮狀且熟。❷燒烤熟的二金條青辣椒去皮後用清水漂淨，瀝乾後撕成絲，即為燒椒絲。❸皮蛋去殼切成小塊，擺入盤中。❹燒椒絲納入碗中，拌入川鹽、味精、生抽、醋、熟香菜籽油、藤椒油拌勻，淋在盤中的皮蛋上即成。

**美味秘訣：**

❶製作燒椒時，使用炭火或柴火可以增添獨特的煙香味。

❷調製燒椒汁必須使用香氣濃郁的菜籽油，菜籽油的獨特香氣是此菜品的風味關鍵。

**洪州風情**｜洪雅縣花溪河多條支流散佈在東嶽鎮境內，養鴨鵝的人家多，幾乎天天都有農家在農貿市場賣蛋，當地的商販除買賣鮮蛋外，兼營傳統工藝製作皮蛋銷售，風味極佳，值得一嘗。

# 木香蘿蔔苗

**特點**／碧綠清爽，奇香美味

**味型**／鮮辣木香味　　**烹調技法**／焯、拌

**洪州風情｜羅壩鎮｜**據洪雅縣羅壩鎮相關記載，興建場鎮的始祖叫羅六經，原名趙太原，生於明初，因避難而輾轉逃到洪雅，於現在羅壩鎮的地方搭了一座茅屋賣飯為生，安家落戶。此地是去青衣江北岸中保鎮的渡口，飯館方便來往行人，生意紅火。後來繁衍分枝為六大房人，在原地修建了不少房屋，也就吸引許多外姓人家到此定居，逐漸形成今日羅壩場鎮，經歷了近 600 年的風風雨雨。羅壩歷史，可說是一部濃縮的四川移民史。

秋收後的農村，田地裡開始種起了秋冬蔬菜，如蘿蔔、青芥菜、大白菜、紅油菜、棒菜、兒菜等。其中蘿蔔是大宗，除了等待入冬後的收成，前期的嫩蘿蔔苗也是絕佳的美味。蘿蔔苗又稱娃娃纓蘿蔔、蘿蔔芽，以真葉剛露出時最佳，肥嫩清脆滋味濃，調以洪雅山區木薑子煉製的木薑油，像是濃縮了檸檬香加香茅的獨特香氣讓人迷戀。

**原料：**蘿蔔苗 150 克，小米辣椒圈 5 克，蒜末 3 克，青小米辣椒圈 5 克，紅小米辣椒圈 5 克

**調味料：**川鹽 2 克，味精 1 克，木薑油 3 克

**做法：**

❶蘿蔔苗洗淨，放入沸水鍋內焯一水，撈出立刻用冷開水沖涼後，撈出瀝水。❷擠去熟蘿蔔苗多餘的水分，納入盆中。❸加入川鹽、味精、蒜末和青紅小米辣椒圈、木薑油拌勻，裝盤即成。

**美味秘訣：**

❶蘿蔔苗非常細嫩，只需要在沸水中飛一水就好，切不可煮至過軟，將失去鮮嫩感受。❷給熟蘿蔔苗擠水時，不宜擠得過乾，特別需要注意保留部分豆苗本身的汁水，以確保口味的豐富度。❸木薑油本身味道十份濃厚，使用量宜少不宜多。

羅壩老街。

OLD TASTES 019

# 雅泉炇炇菜

**特點 /** 湯清無油，本味鮮甜，沾碟風味多樣
**味型 /** 鹹鮮本味　　**烹調技法 /** 煮

## 原料：

冬瓜 100 克，南瓜 100 克，茄子 75 克，豇豆 75 克，瓦屋山泉水 1000 克

## 調味料：

藤椒味碟：川鹽 2 克，味精 1 克，小米辣椒碎 5 克，芹菜碎 5 克，小香蔥花 3 克，藤椒油 5 克，冷開水 20 克；
紅油味碟：川鹽 2 克，味精 1 克，小米辣椒碎 3 克，芹菜碎 5 克，小香蔥花 3 克，藤椒油 5 克，紅油辣子 20 克

## 做法：

❶將冬瓜、南瓜、茄子、豇豆洗淨，冬瓜、南瓜、茄子切滾刀塊，豇豆切節。

❷取淨鍋，下入清水及全部食材。

❸開大火煮開後轉中火滾煮約 10 分鐘至炇。

❹取兩碗，分別下入藤椒味碟、紅油味碟的全部調味料，攪勻即成味碟。

❺將煮炇的蔬菜連同湯一起盛入湯碗中，配上味碟即可食用。

## 美味秘訣：

❶炇炇菜用的食材可按季節調整，但基本上要有一樣是甜香味明顯的蔬菜，成菜後風味相對較協調、美味。

❷瓦屋山泉水可換成容易取得的泉水，因泉水中的微量元素可讓成菜的鮮甜滋味更豐富。若沒有泉水也可用一般清水。

❸味碟可按個人喜好搭配，以鮮香醇厚為原則。

　　炣炣菜是四川也是洪雅家庭最常見的一道家常菜，烹煮簡單，不放油不放鹽，直接吃是原滋原味，蘸著吃就變化萬千，可以麻辣厚重，也可以清爽鹹鮮。對川菜地區以外的人來說就是一道極其普通的「白水煮青菜」，還沒油沒鹽！但只要懂得品這道菜的人，基本就掌握了川菜的精髓：「鮮，香」！

　　麻辣雖是川菜最刺激、鮮明的特點，卻也是最容易味覺疲乏的菜品，炣炣菜就是這樣一道不起眼但關鍵的「承、轉」菜品，讓味蕾與腸胃在刺激之餘得到緩衝。她的清鮮本味可解各式麻辣、厚重的滯膩感，讓味蕾在鬆緊之間產生愉悅感，讓人一頓飯下來是刺激、滿足而舒服的。若是搭配味碟，就能在這道菜中吃出鮮香、麻辣、酸甜的滋味變化，對於愛吃「味」的川人來說，炣炣菜就是家常大宴。

洪州風情 **｜瓦屋山｜** 仙氣十足的瓦屋山是世界第二大的「桌山」，不僅是生態旅遊勝地，還是中國道教發源地。據傳，道教祖師太上老君在瓦屋山升天，道教創始人張道陵在瓦屋山創立了五斗米教等等事蹟。至今，瓦屋山尚存有太清宮、川王廟、炳靈祠、木刻太上老君及張陵降蟒等遺跡。

OLD TASTES **020**

# 青椒壇子肉

**特點** / 軟糯適中，肥而不膩，滋潤香辣

**味型** / 香辣味　　**烹調技法** / 醃、炒

「壇子肉」是洪雅及周邊多山地區的一個特色食材，極富鄉土風味。源自過去在春節前都要殺年豬，但又沒有今天的冰箱，於是創造出各種可延長保存的工藝，先炸再用油封起的壇子肉工藝因此產生。農村製作壇子肉的過程是一道獨特的景觀，一般都在戶外，只見那特大鍋中擠滿了大塊的肉，每塊都有 1 斤多到 2 斤，需用油熬至水分全無，一般需要 4-6 小時，然後裝入壇中再灌滿豬油，放涼後封起即成，儲存條件好的可放上一年不壞。

**原料：**

五花肉 5000 克，八角 40 顆，三奈 10 克，老薑 300 克，香葉 10 克，青小尖椒 150 克

**調味料：**

川鹽 120 克，味精 2 克，白糖 5 克，豬油 750 克

**做法：**

❶五花肉切成大方塊，洗淨後瀝乾，放入大盆中。

❷下入川鹽 120 克碼拌均勻，置於 10℃以下的地方醃製約 1 天至完全入味。

❸鍋內放入豬油、八角、三奈、老薑和香葉，開中大火，下五花肉塊半煎炸至外表緊縮，之後轉中小火慢慢煎熬 3 ～ 4 小時，至熟透且水氣全無。

❹將熬好的五花肉放入壇子中，灌入熬出的豬油，需淹過肉，靜置放涼後密封。

❺封存 1 個月後即成壇子肉。取出適量壇子肉，切成薄片；青小尖椒切成馬耳朵狀。

❻取一淨鍋下入壇子中的豬油 25 克，中大火燒至 5 成熱，下入切好的壇子肉和青小尖椒，煸炒斷生後，調入味精和白糖炒勻即可。

**美味秘訣：**

❶醃製時，環境溫度不能滿足 10℃以下時，可放入冰箱冷藏庫。

❷務必將肉中的水分熬乾，儲存時間才能長。

❸裝滿肉的壇子要密封好，放在陰涼低溫處存放。條件許可，放在冰箱冷藏庫最佳。

❹使用壇子肉的豬油做菜可不再放鹽或少放，因已帶鹹味。

**雅自天成▲** 柳江古鎮雖已是景點，夜晚卻有著多數景點沒有的寧靜與休閒感。到洪雅旅遊，在柳江住上一晚十分值得。

OLD TASTES **021**

# 雅筍炒老臘肉

**特點** / 色澤分明,鹹鮮臘香,肥而不膩
**味型** / 鹹鮮味　　**烹調技法** / 炒

　　洪雅傳統的乾雅筍都是用高山冷筍乾製而成，每年八九月為產季，需深入山中採筍，一進山就是十數天，農民在落腳處搭起簡易烘烤房，白天採筍，晚上剝去筍殼並加以烤乾，方能儲存至下山，也便於背下山，所以煙燻香濃郁。另一方面，來自千米以上的幾個鄉鎮的老臘肉是洪雅最好的，環境生態而低溫，其燻製時間較長，肉色金黃透明，煙臘香、脂香味濃郁。取雅筍炒洪雅老臘肉，其獨特煙臘香將透過舌尖帶你感受洪雅樸實而生態的風情。

**原料：**

帶皮五花老臘肉 250 克，煙燻雅筍 100 克，蒜苗 50 克，乾辣椒節 5 克，乾紅花椒 1 克

**調味料：**

川鹽 1 克，味精 1 克，白糖 2 克，沙拉油 30 克

**做法：**

❶用火燎去帶皮五花老臘肉的毛根，刮洗乾淨後，入冷水鍋。

❷開中火煮開，轉中小火續煮 25 分鐘，使臘肉熟軟，撈出、涼冷後切成薄片。

❸煙燻雅筍用清水洗淨後，泡入熱水漲發。

❹取出漲發好的雅筍並擠乾水分後，切成條狀，蒜苗切成短節。

❺鍋內放沙拉油，中火燒至 5 成熱，入乾辣椒節和乾紅花椒爆出香味。

❻放入老臘肉片和雅筍同炒，待炒出香後調入川鹽、味精和白糖炒勻。最後下入蒜苗同炒，斷生後即可出鍋裝盤。

**美味秘訣：**

❶控制好煮臘肉的時間，具體時間依臘肉的鹹度、乾度及厚度而定。煮的時間不足會偏鹹或口感老硬，時間長了臘香味、鹽味不足，口感軟爛。

❷根據個人口味，調節乾辣椒節和乾紅花椒的使用量。

❸一般雅筍乾漲發需數小時到 10 多小時，可一次漲發好一定的量，將發好的筍乾連同最後一次的水一起放入冰箱冷藏，一般可放 3-5 天。使用清水雅筍可省去漲發的程序。

❹雅筍乾漲發及保存期間避免遇油，遇油後質地會變軟，不爽口。

**雅自天成▼** 位於四川盆地西南邊緣的洪雅也是茶葉大產區，多數種植區位於無污染的丘陵、山溝中，深入其中如登仙境。

OLD TASTES **022**

# 五花肉燒苦筍

**特點 /** 脆嫩鮮美，清苦回甘，脂香味濃

**味型 /** 家常味　　**烹調技法：/** 燒

　　春末夏初正是洪雅地區苦筍大量上市的季節，苦筍又名甘筍、涼筍，普遍生長於洪雅低山丘陵，環境滋潤、溫差適宜，所產之苦筍鮮香微苦，脆嫩回甜更勝其他產地，且現採的新鮮苦筍可直接食用，極為清甜，後韻是微苦而回甘。在農村裡，人們總喜歡加些豬肉以白燒的方式烹煮苦筍，成菜後筍香味濃，適量的豬肉讓整體吃來更滋潤。對農忙季節的農民來說，可以一次大量成菜，便於食用也是關鍵。

**原料：**

五花肉 500 克，去殼苦筍 350 克，大蒜 50 克，青甜椒 30 克，紅甜椒 30 克

**調味料：**

川鹽 3 克，雞精 2 克，清水 750 克，沙拉油 50 克

**做法：**

❶去殼苦筍洗淨後切成滾刀塊；五花肉切成條塊；青、紅甜椒切菱形塊。

❷鍋裡下沙拉油中火燒至 5 成熱，下五花肉塊炒乾水氣後轉小火，下入去皮大蒜，慢炒至熟透出香。

❸加入清水，轉中大火燒開後轉小火慢燒。

❹燒至湯汁只剩一半時，倒入苦筍，調入川鹽和雞精推勻後，繼續燒幾分鐘，下入青、紅甜椒塊，翻炒斷生即可盛盤。

**美味秘訣：**

❶苦筍一定要先洗後切，以最大限度保留苦筍特有的清苦回甘味。

❷五花肉塊炒乾水氣後，改小火慢炒是要避免肉帶上金黃色，成菜方能清亮淨爽。

❸燒肉時添加水量的原則是以剛好淹沒肉塊等食材為宜，燒的時間及最終湯汁多寡透過火候來控制。

**洪州風情｜苦筍｜**四川洪雅的苦筍甜脆、味純，生長過程中不太需要化肥、農藥，是難得的天然綠色食材。以春末夏初的鮮筍苞最鮮脆，其中雨後或天未亮前採挖的是苦筍中的上品，質地更脆嫩，猶如水梨，清香微苦風味濃郁，回甜滑口，挖起後可現剝現吃，為少數可生吃的鮮筍。圖為筍農採苦筍的情景。若想體驗現採現剝現吃，可參與每年 5 月份的洪雅苦筍節。

OLD TASTES 023

# 臘牛肉

**特點** / 緊實耐嚼而味厚，臘香濃郁而色濃

**味型** / 鹹香味　　**烹調技法** / 醃

**原料：**

牛後腿肉 5000 克

**調味料：**

川鹽 140 克，白糖 190 克，白酒 70 克

**做法：**

❶剔除牛後腿肉筋膜，按纖維紋理切成約長 45 公分、厚 2-3 公分、寬 4-5 公分的條。

❷取一盆，放入川鹽、白糖、白酒，拌勻成醃料。

❸將牛肉條一一均勻抹上醃料，放入缸中，醃製 5-7 天。

❹牛肉條出缸後洗去醃料並擦乾，穿繩結扣，掛在竹竿上，入烘烤爐以低溫（50-55℃）連續烘烤約 3 天至乾透。

❺取一塊製好的臘牛肉，放入湯鍋內加水中大火煮熟後轉小火續煮 10 分鐘，撈出晾涼。

❻將臘牛肉塊切成粗條，再手撕成細條即可。

**美味秘訣：**

❶如果肉塊較大，醃製時間要適當延長。

❷醃製期間，每 8-12 小時翻

　　洪雅因為山多，又是重要林場，多數人一年都要幾次入山工作數天到數十天，也就需要便於攜帶的乾糧，而各式臘肉就成了主要選項，其中臘牛肉最受推崇，以現代營養學來說，牛肉能提供高質量的蛋白質，含有全部種類的氨基酸，可以更快速補充體力，且臘牛肉的防腐能力強。洪雅臘牛肉是將牛腿肉以川鹽長時間醃製後烘烤乾製而成，成品風味特殊、水分極少，擁有較長的保存時間。

缸 1 次，以使鹽味均勻、充分滲入牛肉深層。

❸若條件許可，可搭建烘房，用炭火或草木悶燒的方式烘烤至乾透。

❹非冬季製作，或冬季氣溫多在 10℃以上的地方，醃製過程應在低溫空間中進行，避免腐敗。

❺做好的臘牛肉懸掛在陰涼乾燥的通風處即可長時間不壞。

**雅自天成**▲ 瓦屋山林場的樹種以杉木及柳杉為主，一望無際猶如「林海」。

OLD TASTES 024
# 乾拌雞

**特點**／乾香麻辣而回甜，富有嚼勁
**味型**／麻辣味　　**烹調技法**／拌

**原料**：理淨土公雞 1 隻（約 1200 克），乾辣椒節 50 克，乾紅花椒 10 克，大蔥 1 根，老薑 20 克

**調味料**：川鹽 10 克，味精 3 克，白糖 7 克，菜籽油 25 克

**做法**：

❶將治淨公雞清洗後，放入一適當湯鍋，加入大蔥、拍破老薑及能淹過全雞再多 1/3 的清水，大火燒開後轉用小火煮 30 分鐘，撈出晾涼。❷乾辣椒節和乾紅花椒加菜籽油，用小火炒酥脆，待到冷卻後，全部用手搓碎即成搓椒。❸將涼冷後雞肉斬成小塊，加入川鹽、味精、白糖和搓椒拌勻即可。

麻辣味是川人最善吃、川廚最善調的一種味道。其花椒和辣椒的運用則因菜而異，有的用郫縣豆瓣，有的用乾辣椒，有的用紅油辣椒，有的用辣椒粉；有的用花椒粒，有的用花椒末。調製時均須做到辣而不燥，辣中有鮮。洪雅人家調製的乾拌麻辣味別具特色，手工將辣椒和花椒搓成細碎狀的搓椒後拌入，既少了一般麻辣菜式的濃油赤醬，給人原生態又粗獷的味道感受。

**美味秘訣：**

❶選用散養 200 天以上的土公雞，肉質扎實適合拌製，且口感和肉香更佳。❷乾辣椒和乾花椒一定要用手搓碎，成菜才能實現紅亮的色澤，搓椒對辣椒、花椒的組織破壞少，滋味、辣感釋出緩和，更好入口，煳香麻辣特色不變，層次卻更多。

**雅自天成▼** 洪雅縣境內的總崗山水庫，景致層次豐富，又稱漢王湖。湖周有 170 餘座青山環抱，有九灣18 坳之稱。

洪雅地區種植藤椒的歷史悠久，家家戶戶都懂得充分利用藤椒樹，其中藤椒芽尖就是產地才能吃到的特色食材，以春季的嫩芽尖最佳，椒香優雅，細嫩爽口，其他季節芽尖質地偏粗且容易夾帶過重雜味。可單獨成菜，也可用於搭配各式小炒葷菜，如藤椒尖鹽煎肉、藤椒尖回鍋肉、藤椒尖炒臘肉。

洪州風情 **│藤椒林│** 每年春天，洪雅鄉村裡的藤椒林，一眼望去盡是嫩綠，是一個嘗鮮的季節！剛發的嫩椒芽，質地脆嫩，雜味較少，苦澀味也低，可炒葷菜，也可飛一水（汆燙的意思）後涼拌，簡單烹調就是產地農家才有的爽口開胃菜。

OLD TASTES **025**

# 爽口藤椒尖

**特點**／色澤碧綠，微辣爽口，藤椒味獨特
**味型**／鮮辣味　**烹調技法**／汆、拌

**原料：**藤椒嫩芽尖 300 克，青美人辣椒碎 5 克，小米辣椒圈 8 克，蒜米 5 克

**調味料：**川鹽 3 克，味精 3 克，熟香菜籽油 10 克

**做法：**

❶將藤椒嫩芽尖入沸水鍋中汆一水，斷生後立刻撈起，以涼開水沖涼。❷將沖涼的熟藤椒嫩芽尖擠乾水分，放入盆中。❸加入青美人辣椒碎、小米辣椒圈、蒜米、川鹽、味精、熟香菜籽油拌勻即可。

**美味秘訣：**

❶藤椒嫩芽尖烹煮前務必檢查有無硬刺，避免食用時受傷。❷汆燙時，斷生即可，口感才爽。沖涼開水快速降溫的目的是中止加熱至熟的程序，以避免餘溫造成過熟至使口感變軟或顏色老黃。❸熟香菜籽油也可改用香油。

OLD TASTES 026

# 原味油凍粑

**特點** / 成品潔白如霜，喧軟適口，清香宜人

**味型** / 甜香味　　**烹調技法** / 磨、蒸

**原料：**

大米 300 克，豬邊油 30 克，
包穀殼 10 片

**調味料：**

白糖 50 克，清水 450 克，
熟香菜籽油少許

**做法：**

❶大米洗淨，用清水浸泡 12
小時。

❷瀝去水分後，搭配清水
450 克磨成漿。

❸取一碗漿在淨鍋中用小火
加熱至微沸而熟，再混入冷
漿中攪拌均勻，靜置發酵約
12 小時。

❹把豬邊油剁成細末，在鍋
中炒散、斷生，加入發酵好
的米漿中，再加入白糖，攪
勻。

❺包穀殼摺疊出口袋狀，把
步驟 4 發酵好攪勻的米漿灌
入約 7 分滿，排上蒸籠，大
火蒸約 15 分鐘至熟，出籠
放涼。也可趁熱食用。

❻取淨鍋，下入少量熟香菜
籽油，中火燒至 4 成熱，
放入放涼、剝去包穀殼的凍
粑，轉中小火慢煎至熱透且
外表金黃即可。

　　四川地區習慣將米漿製成的點心稱之為「粑」，華中及華南多習慣稱之為「糕」。油凍粑是洪雅地區春節必備的點心，早期在製作時利用冬季的低溫來「凍」米漿，使其自然發酵過程降至極慢，短則數天、長則十多天，產生獨特的鬆軟質地並舒爽適口，加上成品潔白如霜，而被名之為「凍粑」。米漿發酵完成後加入豬邊油，用乾玉米葉包裹吊漿，成品在發酵的米香中帶有玉米葉的清香。洪雅人更偏好入鍋用少許油煎至兩面金黃再吃，更香更滋潤。

**美味秘訣：**

❶米漿發酵時間應考量環境溫度，夏天適度縮短，冬天適度延長。若冰箱空間足夠，可不分冬夏都置於冰箱冷藏發酵，即能固定發酵時間。

❷發酵良好的米漿應呈充滿小氣泡的稀糊狀，散發舒適的發酵酸香味。

❸也可調入精細餡料，如紅糖、芝麻、花生、玫瑰等餡料，即成風味凍粑。

**洪州風情｜街頭攤攤｜**在農業為主的洪雅鄉鎮中，或許是務農的關係，也可能是食材取得便利與否，賣各式油糕、油炸粑的攤攤最為常見，特點就是便宜、好吃又管飽。在洪雅，對於用穀物為原料，經蒸製或油炸的食品通稱為「糕」或「粑」。只見街頭攤攤就著一鍋濃香菜油炸出外表金黃香脆，質地軟糯的油糕、粑粑，常見的有紅豆、椒鹽油糕、油炸粑、炸枕頭粑和豌豆粑等等。

OLD TASTES 027

# 涼粉夾餅

**特點 /** 餅香麵實，香辣爽口而滑潤
**味型 /** 香辣味　　**烹調技法 /** 烤、夾

　　在洪雅，逢年過節，如五月臺會、鬧元宵等節日活動，總有許多的小吃攤攤聚集，其中便宜又能吃飽的涼粉攤攤總是聚集最多人，除了單賣涼粉，也兼賣涼粉夾餅，剛烤好的酥香餅子夾入香辣爽滑而清涼的涼粉，十分爽口而滿足。用於夾涼粉的餅子，還可夾各種冷熱料，早期則多是各種粉或素菜，現今則更多葷料，如拌三絲、肺片、拌白肉、粉蒸肥腸、粉蒸牛肉等等，以香辣味為主，也可拌鹹鮮味、酸辣味等等。

**原料：**

中筋麵粉 200 克，涼粉 500
克

**調味料：**

川鹽 7 克，味精 5 克，醬油
3 克，蒜泥 20 克，豆豉 15
克，花椒粉 5 克，紅油 50 克，
豬油 20 克，清水 100 克

**做法：**

❶中筋麵粉加入川鹽 2 克、
豬油、清水揉成麵團，蓋上
溼紗布巾，餳 15 分鐘。

❷將餳好麵團搓成條，切
成 30 克的劑子 10 個，將劑
子搓圓後略壓，再擀製成圓
餅狀，入炭火烤爐烤熟成餅
子。

❸涼粉切成 1 公分方塊，備
用。取一餅子從側面劃開成
口袋狀。

❹取一份涼粉約 50 克放入
碗中，加入川鹽 0.5 克、味
精 0.5 克、醬油 0.3 克、豆
豉 1.5 克、蒜泥 2 克、花椒
粉 0.5 克、紅油 5 克拌勻夾
入餅中即可。

**美味秘訣：**

❶最好是現拌現夾，吃幾個
包幾個，避免餡料出水或湯
汁將餅給潤濕了，營響口
感。

❷沒有炭火烤爐的可以用平
底鍋直接烙熟食用，或是烙
熟後再入電烤箱烤酥。香氣
會少一些。

**洪州風情｜柳江古鎮｜** 話説四川古鎮這麼多，多是有水無山，
或是山、水比例不佳，缺乏層次分明的通透立體美感。而柳江
古鎮是極少數有山有水，比例適當、層次分明，就像是美麗和
諧的天然盆景，可説是四川省內旅遊資源中的溫潤美玉，讓人
嚮往、喜於親近。

葉兒粑是四川地區的特色傳統小吃，在不同的地區有不同的叫法，如崇州等地的加了艾草，又叫艾饃；川南宜賓、瀘州則叫做豬兒粑。洪雅地區葉兒粑的獨到之處在選用當地特有的大葉仙茅的葉子作為粑葉，香氣味獨特又便於包裹，是農家清明節、春節的傳統食品，常見口味有豬肉、臘肉鹹餡和豆沙、玫瑰甜餡等。

OLD TASTES **028**

# 豆沙葉兒粑

**特點**／糯而不膩，香甜可口
**味型**／香甜味　　**烹調技法**／磨、蒸

**原料：**糯米 500 克，大米 500 克，紅豆 300 克，粑葉（大葉仙茅葉）適量

**調味料：**白糖 50 克，豬油 50 克，清水 2100 克

**做法：**

❶紅豆用水泡 24 小時後撈起下入壓力鍋，加入清水 800 克。❷大火煮滾後轉中小火壓煮約 30 分鐘至炬爛。❸用細網篩把煮好的紅豆過濾出豆沙，去除豆皮，然後把豆沙裝入棉布袋吊起，滴乾水分。❹將滴乾水的紅豆沙放入鍋內，加豬油以中小火炒至翻沙後，調入白糖和勻，放涼備用。❺糯米和大米一起，用清水泡 12 小時後撈起，搭配清水 1300 克磨成漿。把漿裝入棉布袋吊起，滴乾水分即成吊漿粉。❻大火將吊漿粉下成均勻的劑子，包入適量豆沙餡，用粑葉包住後上籠，大火蒸約 20 分鐘至熟透即可。

**美味秘訣：**

❶在夏季泡紅豆、糯米和大米時，應每隔 3-4 小時換一水，避免酸掉。❷粑葉可用各種無毒的樹葉替代，如橘子葉、芭蕉葉等等。❸粑葉上可抹一層油後再用來包葉兒粑坯，食用時減少沾黏。❹若是家庭少量製作，可購買市售的湯圓粉、大米粉及餡心製作。

**雅自天成▲** 修文塔位於洪雅縣余坪鎮，經過整修後的今昔對比。

甜香味的冰粉是夏季消暑涼品，但洪雅人家卻有加木薑油的獨特吃法，據說是祖輩們吃冰粉時不小心用沾了木薑油的湯杓舀糖水，沒想到那淡淡的木薑香讓原本的甜香變得十分鮮爽，獨特的甜香木薑味因此流行於洪雅地區。話說洪雅冰粉多使用「冰粉子」製作，又叫石花籽、家冰粉籽，是一種草本植物，名為「假酸漿」的種子，原是野生，現多是人工種植。這種冰粉籽搓漿後需加凝固劑石膏水才能凝固，成品具有獨特的植物清香。

**雅自天成▲** 往洪雅的山區走，最能感受洪雅形象宣傳語「要想身體好，常往洪雅跑」的美好。

# 木香冰粉

**特點／**甜香滑嫩，木香爽口宜人
**味型／**甜香木薑味　**烹調技法／**凍

**原料：**冰粉籽 100 克，涼開水 5000 克

**調味料：**澄清石膏水 400 克（見 055 頁），紅糖 500 克，清水 500 克，木薑油 2 克

**做法：**

❶取一湯鍋，放入紅糖、清水，以小火熬化後即成紅糖水，備用。❷冰粉籽淘洗乾淨後用布袋裝好，紮緊袋口，放入盛有涼開水的容器內，用力搓揉。❸搓揉至冰粉籽中的可溶性物質充分溢出，手感膩滑、黏稠，即成冰粉液。❹將石膏水分多次加入冰粉液攪拌均勻，當略呈凝固狀時即可，放入冰箱冷藏約 1-2 小時至凝固。❺待凝固後，盛適量入碗中，加入紅糖水 10 克、木薑油 1 滴即可食用。

**美味秘訣：**

❶石膏水不一定全加，應邊加邊攪拌，當感覺有點凝固時，就不需再加，即可放入冰箱冷藏凝固。❷市場上還有另一種冰粉籽，是灌木「薜荔」的種子，又名野冰粉籽或木蓮籽、愛玉籽，多野生，少數人工種植。這種冰粉籽搓漿後不需要任何凝固劑就可以自然凝固，一樣伴有植物清香。

OLD TASTES 030
# 軟粑子

**特點**／鬆軟嫩粑，口齒留香，營養美味

**味型**／鹹鮮味　　**烹調技法**／攤

**原料**：雞蛋 2 個，麵粉 200 克

**調味料**：川鹽 5 克，清水 200 克

**做法：**

❶將雞蛋、川鹽和清水一起調入麵粉中，製成麵糊。❷平底鍋裡放少許油，大火燒熱後轉小火，舀入適量麵糊，攤成薄餅，煎烙至熟。❸重複步驟 2 至全部麵糊攤完。

**美味秘訣：**

❶雞蛋不宜過多，不然就成雞蛋餅，少了麵粉的香味。❷調好的麵糊的稀稠度，以攪動後劃痕能很快消失為宜，不消失就是太濃，完全不見劃痕就是太稀。❸攤製過程中以均勻的中小火為宜，不均勻或火大了，容易外表焦煳裡面夾生。❹根據個人口味，可以用牛奶代替清水，也可用白糖代替川鹽，調製成香甜味。

軟粑子是洪雅人家的家庭速食，製作簡單快速，攤好後可直接用手撕著吃，也可用刀切成規則的形狀後食用。也常見於四川多數農村，又叫粑麵子。軟粑子軟和而香，可以單吃，也可替代米飯，當作主食就著菜品一起食用，或是像河粉一樣，回鍋再用豬油和香蔥炒一下，又是另一番風味。

**雅自天成▲** 位於縣城的「洪雅廣場」，是城市居民主要的運動、休閒去處。

中山鄉農貿市場的夾餅攤攤。

**洪州風情｜夾餅攤攤｜**據說 1960 年代，縣城裡曾有一賣涼粉的周老闆攤有一手持五個碗，另一手舀料調味的絕技，只見五個碗在手上搖搖晃晃，就是不會跌落，料汁也不滴不漏，賣涼粉玩到如此境界，不像是做買賣，更像是玩魔術，十分精彩。

四川 · 成都／

# 世外桃源酒店

進· 則人間奢華　駐· 則人間仙境

中國首家漢唐文化主題酒店，建物群包括五星級國際酒店、甲級寫字樓、世外桃源大劇院，酒店內設施完善，並結合智能系統提升客房享受。位置座落南一環路與科華北路交匯處，喜市區可往春熙路，愛文化可至武侯祠和錦裏古街，可體驗美食、觀光和文化。

**推薦菜品：**

❶青芥醬雪花牛肉 ❷巧拌蘿蔔皮 ❸青椒炒土雞 ❹香水草原肚 ❺舌尖上的味道

**體驗資訊：**

地址：成都市武侯區科華北路 69 號

訂餐電話：028-8558-9999 轉 6228

人均消費：800 元人民幣

付款方式：√現金 √微信 √支付寶 √銀聯 √ VISA √ MASTER

座位數：大廳約 2000 位，各式包廂 22 間

停車資訊：附設免費停車場

藤椒風味體驗餐廳

四川・成都／

# 卡拉卡拉漫溫泉酒店

菜品如人品，基本工是創新的根本

成都卡拉卡拉漫溫泉酒店，由韓國知名設計團隊打造，擁有多元的休閒綜合功能，包括汗蒸、溫泉、沐浴、餐飲、演藝、游泳、網吧、健身、電玩、養生 SPA、足療保健、KTV、棋牌、兒童樂園、客房服務等，讓來訪客人感受成都的慢生活文化。

**推薦菜品：**

❶藤椒牛雜玉米餅 ❷藤椒文化竹筒參 ❸蘭豆藤椒牛肉粒 ❹南筍藤椒梅花鹿

**體驗資訊：**

地址：成都市金牛區解放路一段 192 號

訂餐電話：028-61371313、028-81505088

人均消費：150-200 元人民幣

付款方式：√現金 √微信 √支付寶 √銀聯 √ VISA

座位數：大廳約 400 位，各式包廂 10 間

停車資訊：√自有停車位約 200 個

重慶／

# 陶然居

美食在重慶，醉美（最美）老重慶！古樸明清風，親朋憶相逢！

陶然居集團打造的桂花森林重慶主題餐飲風情街，訴求餐飲不只餐飲，結合多樣化、複合化經營，服務涵蓋兩江水鮮與河鮮、森林酒店、婚宴、浴足養生、KTV 等，還有 1929 金桂飄香老酒窖，園中兼備老重慶的古意莊重與新重慶的現代舒適。

## 推薦菜品：

❶陶然土鱔魚 ❷清一色香肺片 ❸雞絲涼麵 ❹木盆仔薑鮮椒兔 ❺特色椒香雞

## 體驗資訊：

地址：重慶市江北區鴻恩寺森林公園旁陶然大觀園內（老重慶店）

訂餐電話：023-67969888、18983264999

人均消費：50-80 元人民幣

付款方式：√現金 √微信 √支付寶 √銀聯

座位數：大廳約 140 位，各式包廂 25 間

停車資訊：√自有停車位約 150 個

Zanthoxylum
armatum

第五篇

經典藤椒風味菜

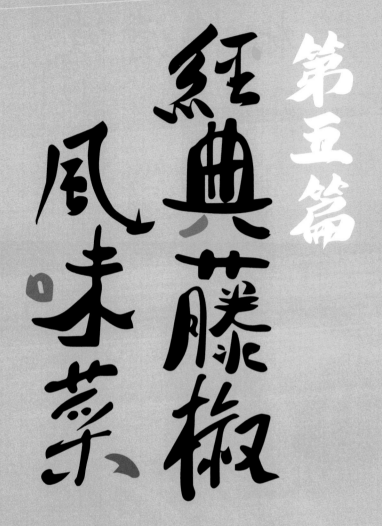

# CLASSIC

　　藤椒風味菜品經過近 30 年的傳播與流行，除了最早成為代表名菜的「藤椒缽缽雞」外，在川西上河幫、重慶下河幫、川南小河幫及江湖川菜等各大流派川菜廚師的貢獻下，各式藤椒風味菜蓬勃發展的，在市場洗禮後，許多當時的流行菜品逐漸成為今日的經典菜品，也因而催生「藤椒味」這一現代川菜味型。

　　經典藤椒菜品的基本特點就是藤椒清香麻風味鮮明，又因誕生於物資、人員蓬勃交流的現代，在選料、調味上相對不拘一格，工藝上燒、煮、炒、爆、溜、炸、拌、淋皆可適應，冷熱菜不限，且成菜色澤清爽，又或濃或艷等等的特色，大大別於川菜其他味型的侷限性。

CLASSIC 031

# 藤椒拌清波

**特點** / 鮮嫩麻香,酸辣爽口

**味型** / 藤椒酸辣味　　**烹調技法** / 汆、拌

　　熱拌涼菜是近幾年川菜比較流行的一種新吃法,先熱烹主食材,起鍋後隨即澆入涼味汁,此類型涼菜一般以藤椒酸辣味為主,或許可稱之為溫涼菜,因為有些溫度,入口後可吃到更多鮮美滋味。目前最常見的就是熱拌魚系列,除清波魚外,鯽魚、草魚、鯉魚等均可用此烹法。

**原料：**

清波魚 1000 克，雅筍絲 100 克，粉絲 100 克，青美人辣椒粒 10 克，小米辣椒粒 5 克，藿香碎 15 克，太白粉 10 克

**調味料：**

川鹽 4 克，味精 2 克，藤椒油 15 克，薑末 5 克，蒜末 8 克，蛋清 60 克，胡椒粉 1 克，料酒 10 克，蒸魚豉油 5 克，辣鮮露 5 克，生抽 5 克，白糖 8 克，醋 10 克，菜籽油 30 克

**做法：**

❶清波魚宰殺治淨，把魚頭、魚骨和魚肉分開，魚頭和魚骨加川鹽 2 克碼味，魚肉片成薄片，加川鹽 2 克、胡椒粉和蛋清太白粉碼味上漿。

❷取一湯碗，將薑末和蒜末、青美人辣椒粒、小米辣椒粒放入。鍋內放菜籽油燒熱，沖入碗中，將薑蒜辣椒激出香味，。

❸接著調入川鹽、味精、白糖、蒸魚豉油、辣鮮露、醋和藤椒油即成味汁。

❹鍋內摻水，大火燒開後，轉小火，先下魚頭、魚骨和雅筍絲、粉絲焯熟，起鍋裝入盤中墊底。

❺然後往鍋中下入魚片，焯熟起鍋裝盤，淋上步驟 3 調好的味汁，再撒上藿香碎即成。

**美味秘訣：**

❶魚肉務必碼勻入味，主要味道都在味汁裡，若是魚肉本身底味不足容易吃出腥味，且吃起來會有寡淡不入味的感覺。

❷味汁的口味需要適當重一些，因魚肉片漿過，味道較不易裹足。

❸汆魚片時要注意火力控制，以湯水沸而不騰最好，以免衝破魚肉。

**雅自天成**▲ 藤椒產季，農民在椒林間忙採收。

**洪州風情 | 玉屏山 |** 位於洪雅縣城西南，為南北走向的平頂山岡，天晴時在城內往西望去，即可見其橫亙天際，就像一座綠色屏風，全長 11 公里，最高處海拔 1382 米。又因歷史記載之洪雅名人、科考上榜人才的出生地多在玉屏山周邊，洪雅人尊崇玉屏山為「洪雅文脈」。

玉屏山，前方為花溪場鎮。

CLASSIC **032**

# 洪州酸菜魚

**特點** / 湯鮮肉嫩，酸辣味美，風味別致

**味型** / 藤椒酸辣味　　**烹調技法** / 燒

**原料：**

花鰱魚一條（約 2000 克），鮮米線 300 克，泡薑碎 15 克，泡豇豆碎 10 克，泡蘿蔔碎 10 克，泡酸菜碎 100 克，野山椒碎 10 克，蒜苗 15 克，韭菜 10 克，新鮮藿香葉 5 克，雞蛋清 50 克

**調味料：**

川鹽 3 克，味精 2 克，雞精 3 克，豬油 30 克，雞油 20 克，菜籽油 50 克，太白粉 10 克，料酒 15 克，胡椒粉 1 克，藤椒油 20 克

**做法：**

❶花鰱宰殺洗淨，取下肉片並片成片，帶骨的部分斬成小塊。

❷將理好的魚片、魚塊放入盆中，加川鹽、胡椒粉、料酒、雞蛋清和太白粉碼勻，醃製約 10 分鐘，使其入味。

❸鍋內放豬油、雞油和菜籽油，燒熱後下泡薑碎、泡豇豆碎、野山椒碎、泡蘿蔔碎、泡酸菜碎等炒出香味，接著放入魚頭和魚骨一同翻炒至熟透後，加入 1000 毫升的水。

酸菜，古稱菹（音同租），是所有青芥菜或白菜經發酵後製成的各種酸菜的總稱。每年到了秋天，白菜，青菜收穫的季節，各家各戶都會醃泡酸菜。酸菜在日常飲食中可以是開胃小菜、下飯菜，也可以作為調味料來製作菜肴，比較出名的有東北酸菜、四川酸菜、貴州酸菜、雲南富源酸菜等，不同地區的酸菜滋味風格也不盡相同。

在川菜地區，酸菜多特指青菜（大葉芥菜）透過泡菜工藝製成的，又叫「泡酸菜」。1990年代初，從重慶流行起來的「酸菜魚」，就是用泡酸菜烹鮮魚，成菜酸香微辣，魚肉細嫩，十分爽口。而洪雅地區的酸菜風味菜肴多喜歡加一點藤椒油，當酸菜魚流行之際，藤椒風味的酸菜魚自然應運而生。

❹以中大火持續滾煮魚湯約10分鐘，調入川鹽、味精、雞精，撈出煮熟的魚骨和魚頭墊在盤底，下入鮮米線略煮後轉小火。

❺然後下碼好味的魚片滑熟，淋入藤椒油推勻後起鍋，連湯一起裝入盤中，撒上蒜苗花、韭菜花、藿香葉碎即可。

**美味秘訣：**

❶將泡酸菜等料炒香放入魚骨塊後，應用大火滾煮，湯色與滋味才濃厚。

❷使用豬油、雞油和菜籽油組合的混和油，成菜的脂香味才豐富，同時能減低酸菜的酷酸感。

❸藤椒油和新鮮藿香葉之香氣突出而爽，在此菜中起到定味型的畫龍點睛作用。

❹新鮮米線的加入能使成菜的份量足，食用時因其吸飽湯汁，更能體驗藤椒酸辣味的魅力。也可以紅苕粉或綠豆粉等替代。

洪州風情｜**高廟**｜高廟位於洪雅縣城西南36公里的峨嵋山北麓，是花溪河的源頭所在，故有「花溪源」之稱。現今在古鎮仍留存有清代光緒文生李芳聯撰刻的縣級保護文物「花溪源」石刻。花溪源山泉甘冽，適於釀酒，山區盛產玉米雜糧，為釀酒提供了價廉物美的綠色環保原料，釀製出的高廟白酒醇香爽口，回味無窮，口感不亞於「五糧液」等名酒。高廟古鎮地處峨嵋、雅安、洪雅旅遊金三角中心地帶，獨具旅遊發展潛力。

**雅自天成▲** 位於東嶽鎮的藤椒基地，天氣好時可眺望玉屏山、峨嵋山及瓦屋山。椒樹後方遠處即為峨嵋山。

CLASSIC 033

# 藤椒黃辣丁

**特點／**鮮美嫩滑，清香酸爽，回味無窮

**味型／**藤椒酸辣味　　**烹調技法／**燒

❷泡薑切碎，泡酸菜切小塊，泡野山椒切圈，藿香葉切條狀，備用。

❸鍋內放混合油加熱，下泡薑碎、泡酸菜塊、泡野山椒圈、泡紅辣椒圈等炒出香味，摻入鮮湯，調入川鹽、雞精、味精，中大火煮開後轉中小火煮約 3 分鐘。

❹接著下碼好味的黃辣丁，燒開後改小火煮熟，最後下藤椒油推勻後起鍋裝盤，撒上藿香即成。

**美味秘訣：**

❶湯的量要足，才利於後面烹煮黃辣丁。

❷須將炒好的泡酸菜等輔料的滋味煮出來後才煮魚，成菜才能有滋有味。若沒有鮮湯，可用清水替代。

❸黃辣丁下鍋後火不能大，以中小火或小火為主，採半燜半煮的方法使其成熟，以保證成菜後形整且肉質細嫩。

❹加入泡薑、泡辣椒可進一步去除、壓抑黃辣丁腥味，同時增加微辣口感與酸香層次感。

**原料：**野生黃辣丁 1000 克，泡薑 50 克，泡酸菜 100 克，泡野山椒 20 克，泡紅辣椒 20 克，新鮮藿香葉 6 片

**調味料：**川鹽 2 克，味精 2 克，雞精 3 克，鮮湯 1000 克，胡椒粉 1 克，藤椒油 20 克，料酒 20 克，混合油 50 克（豬油 1 份、菜籽油 1 份混合即成）

**做法：**

❶黃辣丁宰殺治淨，加川鹽、胡椒粉和料酒碼勻，靜置約 10 分鐘使其入味。

　　黃辣丁外形有點像長了鰭的泥鰍，但是肉質更細嫩鮮美且無細刺，魚雖小卻十分便於食用。學名為黃顙魚的黃辣丁，主要生活在湍急清澈的溪流中，四川地區主產於岷江上游，四川省外還有嘎牙子、黃鰭魚、黃刺骨等等的地方名。

**洪州風情｜修文塔｜**

位於余坪鎮白塔村，據文獻記載，建於明代萬曆年間（1573-1619 年），為磚石結構的十三層寶塔。曾遭雷擊而損毀，於清嘉慶十八年（1813 年）進行重修，是眉山市重點保護古跡。每逢晴天，由洪雅縣城向東南遠眺，即可看見矗立於青衣江東岸的修文塔倩影，是洪雅縣的一大景觀。

**雅自天成▲** 洪雅縣除了種植藤椒，茶葉則是歷來的重點產業，廣植於全縣境內的低山丘陵、平壩。

CLASSIC 034

# 藤椒全魚

**特點** / 色澤濃郁，香麻爽辣，鮮嫩無比
**味型** / 藤椒香辣味　　**烹調技法** / 蒸、淋

青衣江穿洪雅縣境而過，因流速快、水質佳、水溫相對較低，使得洪雅境內的水產河鮮也是老饕味蕾上的極品。此菜選用洪雅境內以江水養殖的鯉魚，其肉質緊而味鮮，在藤椒味的基礎上調入多種鮮辣椒與辣味醬料，形成藤椒香辣味烘托魚鮮味，成菜後，鮮嫩與椒香交融，滋味是爽香微辣，麻感綿長。

**原料：**

鯉魚 1 條（約 750 克），青美人辣椒圈 20 克，紅美人辣椒圈 15 克，小米辣椒圈 5 克，老薑 20 克，大蔥 15 克

**調味料：**

川鹽 4 克，味精 3 克，老干媽豆豉辣椒醬 20 克，薑末 5 克，蒜末 10 克，蒸魚豉油 5 克，辣鮮露 5 克，菜籽油 20 克，藤椒油 10 克，料酒 10 克，胡椒粉少許

**做法：**

❶ 鯉魚宰殺、去鱗、洗淨，在魚身兩面剞十字花刀。

❷ 將理淨的鯉魚放入深盤，加川鹽 3 克、胡椒粉、老薑（拍破）、大蔥（切節，拍破）和料酒，抹勻後醃製入味，約 10 分鐘。

❸ 醃製入味的魚，撿去薑蔥，上蒸籠用大火蒸 20 分鐘。

❹ 炒鍋內放油，下薑蒜末，青、紅美人椒圈、小米辣椒圈和老干媽豆豉辣椒醬炒出香味，然後調入川鹽 1 克、味精、蒸魚豉油、辣鮮露和藤椒油，起鍋淋在蒸熟的魚身上即可。

**美味秘訣：**

❶ 此菜是以掛汁方式成菜，魚本身須有足夠底味，因此魚身上剞十字花刀的目的除了便於成熟，更重要的是醃製入味。

❷ 魚本身底味不足時容易出腥味，入口時也會產生澆汁與魚肉滋味不相容的感覺。

❸ 此菜突出藤椒與鮮椒香辣風味，注意醬味調料的比例，避免掩蓋鮮椒滋味。

❹ 炒製澆汁時，因老干媽豆豉辣椒醬、蒸魚豉油、辣鮮露都帶鹹味，要注意川鹽的用量。

**雅自天成▼** 青衣江水質良好，水量充足且水能資源豐富，為四川少數未被污染的河流。圖為青衣江流經縣城的夕陽美景。

CLASSIC 035

# 一品茄子

**特點╱**外酥內嫩，風味別致

**味型╱**藤椒魚香味　　**烹調技法╱**炸、淋

　　茄子屬於茄科家族中的一員，是為數不多的紫色蔬菜之一，也是餐桌上十分常見的家常蔬菜。這裡運用川菜的調味功夫與烹飪工藝，讓尋常的食材成為驚豔的精緻佳餚。

**原料：**長茄子 300 克，瘦豬肉 200 克，薑末 7 克，蒜末 5 克，雞蛋 1 顆，太白粉 30 克，青美人辣椒粒 10 克，紅美人辣椒粒 10 克，西蘭花 80 克

**調味料：**川鹽 5 克，味精 2 克，蠔油 5 克，醋 10 克，白糖 10 克，藤椒油 10 克，菜籽油 15 克，太白粉水 10 克，鮮湯 15 克

**做法：**

❶茄子切成五連刀的段，6 段，各長約 7 公分

❷西蘭花切成 6 份，入熱水鍋焯熟、沖涼後瀝水，待用。

❸將太白粉納入碗中，加水調成二流狀麵糊，備用。

❹將瘦豬肉剁碎後加川鹽 2

克、薑末 2 克、雞蛋和太白粉攪打至能成團後即成餡料。

❺將五連刀茄子段的刀口中抹上太白粉再將瘦豬肉餡嵌入，接著抹上一層薄麵糊後，下入 5 成熱的油鍋炸熟且表皮酥脆，撈起瀝油後，盛入位上小盤中，一盤一個。

❻取淨鍋開中火，倒入菜籽油，下青、紅美人辣椒粒，蒜末和薑末 5 克爆出香味，摻入鮮湯，調入蠔油、白糖、醋、味精和川鹽後煮開。

❼加入太白粉水勾薄芡，烹入藤椒油，即可起鍋澆在盤中茄子上，再配上一朵焯熟西蘭花即可。

**美味秘訣：**

❶茄子可以炸兩次，第二次油溫可以適度提高，時間相對短，其表皮將更加酥脆。

❷茄子刀口抹上太白粉目的是讓嵌入的肉餡能黏住，避免散落。

---

洪州風情 | **聖母廟** |

洪雅柳江古鎮街道後的聖母山上，有座聖母廟。據民間傳說：玉皇大帝外甥女華山聖母幻化為遊方道姑，為人看病、算命，替人治病消災，為柳江及洪雅山區七個鄉鎮的百姓做了不少善事。後來被召回天庭，柳江百姓為感念聖母恩德，將其住過的山頭改名聖母山，並在山上修建了聖母廟，朝夕焚香叩拜，以示感恩。

CLASSIC 036

# 藤椒碧綠蝦

**特點** / 黃綠相間，椒蔥香濃郁

**味型** / 藤椒蔥香味　　**烹調技法** / 炸、淋

　　此菜品在呈碧綠色的傳統椒麻味基礎上創新，此外在麵糊的調製上借鑒了西餐概念與調料，因此餐飲市場接受度高，是近幾年新派川菜中較為流行的新式醬汁。這裡用藤椒油加小香蔥葉和青美人辣椒製作，是多種流行方法之一，也可使用其他綠色香料或帶有特殊芳香味的蔬菜製作，風味各異其趣。此類醬汁廣泛運用於熱菜沾醬或涼菜拌製中。

**原料：**

基圍蝦 200 克，雞蛋 1 個，麵粉 3 克，泡打粉 3 克，小香蔥葉 15 克，青美人辣椒 10 克

**調味料：**

川鹽 2 克，煉乳 3 克，太白粉水 10 克，藤椒油 4 克

**做法：**

❶去除基圍蝦的頭、殼，保留蝦尾，接著去除沙線後洗淨，瀝水。

❷取一深盤，下入泡打粉、太白粉、煉乳、麵粉和雞蛋液調成脆漿糊。

❸將小香蔥葉、青美人辣椒切碎，放入搗泥臼中，加川鹽、藤椒油搗成泥狀，再下入 4 成熱的油鍋中小火炒香，以太白粉水勾薄芡後即成碧綠醬汁，盛起備用。

❹抓住基圍蝦尾，讓蝦身均勻裹上一層脆漿糊後下入 6 成熱油鍋內炸熟且金黃，起鍋瀝油擺入盤中。

❺將碧綠醬汁淋在盤中蝦上即可。

**美味秘訣：**

❶調製味道時，注意各料的比例，避免產生怪異感。

❷碧綠醬汁可批量製作，但須當餐用完，放置時間過久顏色發暗，看了沒食欲。

洪州風情｜**康養休閒園區**｜位於洪雅縣的峨嵋半山七里坪康養休閒園區，其地理位置在蜀山二雄峨嵋山和瓦屋山之間，海拔 1300m 左右，加上森林覆蓋率達 90%，平均氣溫比周邊城市低 6-8℃，是絕佳的避暑勝地。七里坪總面積 12 平方公里，被峨嵋山、瓦屋山 300 多平方公里的森林所環抱，空氣中的負氧離子含量達到 18000 個單位，較一般城市高將近 400 倍，是天然氧吧，成為人們心目中的康養聖地。

CLASSIC 037

# 藤椒肘子

**特點** / 鮮香炟軟，肥而不膩
**味型** / 藤椒酸辣味　　**烹調技法** / 燉

　　肘子類的菜肴一直都是洪雅民間九大碗的大菜，因其豐腴形整，寓意圓滿，另外就是早期資源不豐富時，端出「大肉」菜肴是主人展現待客滿滿誠意的具體表現。豬肘子也稱蹄膀，分為前肘、後肘，前肘骨頭小、肥肉少、瘦肉多，不易膩，對現今食客來說是此菜的最佳選擇。後肘則皮厚、筋多、膠質重。

**原料：**

豬肘子 1 個（約 1000 克），蒜末 30 克，薑末 20 克，蔥花 20 克，青美人辣椒碎 60 克，青小米辣椒碎 15 克，老薑塊 60 克，蔥 80 克

**調味料：**

川鹽 5 克，味精 3 克，蒜末 30 克，薑末 20 克，蔥花 50 克，薑塊 60 克，蔥 80 克，醋 35 克，白糖 10 克，生抽 15 克，藤椒油 30 克

**做法：**

❶豬肘子修整後焯水。撈起後用清水沖涼，再揀淨皮上的毛樁。

❷取適當的湯鍋，加入約 4.5 公升的清水，放入老薑塊（拍破）、蔥（挽結）料酒和理淨後的豬肘子。

❸開中火煮開後，轉小火燉至炽糯，約 3 小時，起鍋裝入深盤中。

❹取一湯碗，放入薑末、蒜末、醋、白糖、味精、生抽、青美人辣椒碎 50 克、青小米辣椒碎、藤椒油和燉肘子的熱鮮湯 200 克，調製成味汁，淋在盤中肘子上，撒上青美人辣椒碎 10 克即可。

**美味秘訣：**

❶修割豬肘子時，皮面要留長一點，加熱後皮面收縮，才能恰好包裹住肉，確保菜肴形體整齊美觀。因豬肘子皮面膠質豐富，加熱後，相對於脂肪與肌肉組織皮面收縮得較多，如果留的皮面與肌肉並齊或小於肌肉，烹煮後就會因收縮而使皮面容易脫落，致使肉的部分散碎。

❷若想節約時間，可用高壓鍋來壓煮，但這樣做出來的肘子相對易碎，影響成形且滋味較薄。

❸酸辣味十分解膩，搭配肘子非常美味，加藤椒油更增加清香麻風味，其滋味更絕妙。

**雅自天成** ▶在玉屏山上可眺望張橋的梯田美景，同時欣賞到玉屏山周邊多為平頂山的獨特地理景觀。

CLASSIC **038**

# 藤椒鉢鉢雞

**特點** / 清香麻味綿長，串串鮮香，肉香彈牙
**味型** / 藤椒鮮椒味　　**烹調技法** / 煮、浸

**原料：**

治淨土公雞 1 隻（含內臟，約 1500 克）青美人辣椒圈 5 克，紅美人椒圈 15 克，老薑（拍碎）50 克，大蔥節 50 克，竹籤適量

**調味料：**

川鹽 20 克，味精 2 克，雞精 3 克，胡椒粉 2 克，料酒 20 克，糖 5 克，藤椒油 15 克

**做法：**

❶取一適當湯鍋，下入冷水，水要能淹過雞，再放大蔥節、老薑、胡椒粉、川鹽 12 克和料酒，開大火燒沸。下入清洗乾淨的土公雞及其內臟。

❷再次燒開後轉小火煮約 20 分鐘至熟。關火拼撈出土公雞及其內臟攤於平盤上晾涼。煮雞的湯也放涼備用。

❸放涼後，土公雞去骨，片成小薄片，內臟改刀或切片，每根竹籤串上 2-3 片。

❹取一鉢，調入川鹽 8 克、味精、雞精、糖、藤椒油，青、紅美人辣椒圈，再加入放涼的雞湯 600 克攪勻，放入雞肉串浸泡，即可。

　　缽缽雞是洪雅地區的傳統特色小吃，「缽」是指開口較寬，比盆深的容器，這小吃剛出現時，也沒有具體名字，因串好的雞肉泡在大缽的湯汁中，大缽成鮮明特點，於是就被稱之為「缽缽雞」。據說從清末就出現缽缽雞這一小吃，迄今已有百年歷史。早期多是一或二人抱著缽缽流動販售，現多在麵攤或小飯館，並且成了洪雅多數餐館酒樓一道特色菜。缽內盛放調配好的藤椒鮮辣味為主的湯料，將煮熟的全雞裡外，經切片或修整後，以竹籤串成串浸於調料中，食用時自取自食，數籤籤算錢。

**美味秘訣：**

❶煮雞時應沸水下鍋，隨著加熱，雞肉表面的蛋白質迅速受熱凝固，能將風味物質有效鎖在雞肉內部，滋味更豐富。

❷雞肉串在湯汁中浸泡個幾分鐘，可以更入味。

❸此菜品也可做成紅油味，湯料配方、做法如下：

取一湯缽，放入川鹽 15 克，味精 5 克，雞精 5 克，藤椒油 35 克，紅油辣子 200 克，糖 20 克，冷雞湯 1000 克攪勻，即成紅油味湯料，放入雞肉串浸泡 1-2 分鐘即可食用。

洪州風情 | 天下第一缽 | 德元樓雖是地方酒樓，但對於洪雅飲食文化的傳承推廣不遺餘力，其招牌菜「缽缽雞」，曾在 2004 年 12 月 18 日載入「上海大世界基尼斯」記錄的「天下第一缽」。當時特製了一個大木缽，裡面裝入 800 斤雞湯，調入 20 斤藤椒油，再放入上萬支串著雞肉片的竹籤，當下成了世界最大的缽缽雞菜品，可以同時數百人圍著這個大缽大快朵頤，場面非常壯觀。照片中的大缽是作為紀念的複刻品，因當年用瓦屋山杉木箍製的大木缽早已朽壞。

CLASSIC**039**

# 藤椒肥牛

**特點** / 鮮香爽口，酸辣開胃，藤椒清香悠長
**味型** / 藤椒酸辣味　　**烹調技法** / 煮

**原料：**

肥牛片 200 克，金針菇 80 克，青筍絲 100 克，青辣椒圈 10 克，紅美人辣椒圈 5 克

**調味料：**

川鹽 2 克，味精 2 克，薑末 3 克，蒜末 5 克，黃燈籠辣椒醬 50 克，泡野山椒碎 10 克，藤椒油 20 克，鮮湯 500 克，菜籽油 20 克

**做法：**

❶鍋內放油，開中火燒熱，下薑末、蒜末、黃燈籠椒醬和泡野山椒碎炒香，摻入鮮湯燒開。

❷接著調入川鹽和味精，再下入金針菇和青筍絲焯熟，熟後撈起來鋪在深盤底。

❸改中小火，往湯中下肥牛，焯熟後起鍋，連湯一起裝入深盤。

❹淨鍋後，在鍋中加藤椒油，中火燒至 4 成熱，下青紅美人辣椒圈炒香，起鍋淋在盤中肥牛上即可。

**美味秘訣：**

❶泡野山椒有兩種，此菜選用偏金黃色的野山椒，色澤味道都較好，酸爽開胃。另

　　酸湯肥牛是很多川菜館的常見名菜，至關重要的是湯的調味，需展現出一種特殊的酸香辣。其關鍵就是選用海南省黃燈籠辣椒醬，不僅賦予特殊的酸香辣，還能使湯色呈金黃色，十分誘人，另加入泡野山椒則能使酸香辣更豐富，在這基礎上添加藤椒油激香的鮮青紅辣椒，風味變得獨特而鮮香誘人，輕度的麻辣口感更是停不下筷的關鍵。

一種灰綠色的野山椒酸香味低、偏鹹且顏色也不適合用來做這道酸湯肥牛。

❷搭配的輔料除了青筍絲和金針菇，還可以放粉絲、絲瓜和木耳，能讓口感、顏色都更豐富。

❸若需要明顯一點的酸味，可在起鍋前加入一點白醋，但不能加多，多了，酸味不自然，還可能變成酷酸而破壞該有的風味。

**雅自天成▲** 洪雅中山鄉秀麗舒心的茶園風景。

**洪州風情｜中山鄉｜**洪雅中山鄉，位於城北 15 公里處，鄉名源自其地形為三個山包中間夾一塊平壩，百姓慣稱中山坪，故而建鄉即取其前兩字為名。中山鄉是一個相對來說特點較不鮮明的鄉鎮，也因此，外地人多不熟悉，不過在近代出過兩個享譽學術界的人物，即數學家蕭開泰、蕭潔塵父子倆，其中蕭開泰還可能是全世界第一臺太陽灶的發明人！

CLASSIC 040

# 藤椒腰片

**特點／**麻辣酸香，色澤金黃

**味型／**藤椒酸辣味　**烹調技法／**汆、拌

在傳統的以形補形的引導下，豬腰成了養腎食材，也因此成了上得了檯面的菜。然而豬腰本身的臊味較濃，對前處理與調味要求較高，洪雅多習慣以藤椒油調味，以起去臊增香之效。現加入酸香辣的黃燈籠辣椒醬，成菜更加香鮮爽口，配上豬腰的獨特軟脆口感，可說是美味、食養兼具的菜品。

**洪州風情｜桃源鄉｜**

位於洪雅縣城東南的群山中，清嘉慶《洪雅縣誌》記載：「桃子場縣南八十里」指的就是此處。鄉名源自歷史上境內曾有大片桃樹林而聞名，俗稱桃子園，場名桃子場。後用同音字「源」取代「園」而叫桃源鄉，寓意該地為世外桃源。

桃源鄉地處山區，交通相對不便，直到 1970 年代才通公路，漫步在場鎮老街上，祥和的生活氣息確實有「世外桃源」之感。

**原料：**豬腰 400 克，金針菇 100 克，青筍絲 30 克，黃燈籠辣椒醬 40 克，青美人辣椒圈 5 克，紅美人辣椒圈 5 克，太白粉 5 克

**調味料：**川鹽 3 克，味精 2 克，薑末 5 克，蒜末 6 克，醋 5 克，胡椒粉 1 克，藤椒油 10 克，料酒 15 克，鮮湯 150 克，菜籽油 30 克

**做法：**

❶金針菇洗淨，切段，備用。❷豬腰除去腰騷，片成薄片，用川鹽、胡椒粉、料酒和太白粉碼味上漿。❸炒鍋下入菜籽油，中火燒至 4 成熱，下薑蒜末、黃燈籠辣椒醬炒香，接著下入鮮湯煮開。❹調入川鹽、味精，再下金針菇段、青筍絲，煮熟後撈出，置於深盤中。❺下入腰片，調入白醋和青、紅美人辣椒圈，斷生後淋入藤椒油，隨即推勻起鍋，連湯汁一起倒在煮熟的金針菇、青筍絲上即可。

**美味秘訣：**

❶片好的腰片除清水漂洗外，最好用薑蔥水浸泡後再用清水漂兩次，以有效去除臊味。❷腰片入鍋後，需掌握好時間，斷生就起鍋，以免湯汁餘溫產生的後熟現象導致口感變老。

CLASSIC **041**

# 火爆肚

**特點／**成型美觀，質地脆嫩，清香微辣

**味型／**藤椒鮮辣味　　**烹調技法／**爆

　　川菜以調味見長，而形成名菜多是家常菜的特殊現象，也產生另一特點，就是任何食材都能烹製成佳餚，所謂「邊角餘料的勝利」！這道火爆肚頭就是一個典型，透過刀工、調味、火候，讓一個不起眼的食材有了極妙的口感與滋味。刀工讓肚頭的老韌變得適口，藤椒油的清香麻讓滋味爽口，爆炒的火候確保口感脆嫩。

**原料：**鮮豬肚頭 300 克，泡發木耳 50 克，青甜椒 20 克，清、紅美人辣椒 15 克，小香蔥節 10 克

**調味料：**食鹽 5 克，味精 3 克，胡椒粉 1 克，豌豆粉 3 克，白糖 2 克，清水 10 克，菜籽油 10 克，藤椒油 10 克

**做法：**

❶切開豬肚頭使其可攤成片狀，剞上十字花刀，再改刀成寬條狀，用鹽 3 克、胡椒粉醃製 5 分鐘。❷青甜椒切條狀，紅美人辣椒切成菱形片，備用。❸取一碗放入鹽 2 克、味精、白糖、藤椒油、豌豆粉調勻成為滋汁。❹鍋中加入菜籽油，中大火燒至 6 成熱，下入肚頭條爆熟。❺開始爆肚頭條約 10 秒後，放入小香蔥節、馬耳朵青椒、馬耳朵紅椒，倒入滋汁，翻炒均勻，斷生後即可盛盤。

**美味秘訣：**

❶豬肚頭務必清洗乾淨，避免殘留腥味。❷控制好火候，一斷生就要起鍋，口感才不會老韌。❸此菜品是刀工火候菜，剞十字花刀要均勻，深度要夠但不能斷，爆熟後肚頭條才能很好的展開如花，且讓口感變得脆嫩。

**雅自天成▲** 豐收的季節，農村裡的曬壩晾曬著顏色黃澄澄的玉米。

CLASSIC **042**

# 双椒爆甲

**特點 /** 滑糯微辣，色澤清爽，椒香宜人

**味型 /** 藤椒香辣味　　**烹調技法 /** 爆、炒

**原料：**

甲魚一只（約 750 克），青美人辣椒椒顆 30 克，小米辣椒顆 15 克，冰鮮青花椒 10 克

**調味料：**

川鹽 6 克，味精 3 克，料酒 15 克，生抽 5 克，蠔油 8 克，熟香菜籽油 30 克，藤椒油 10 克

**做法：**

❶甲魚宰殺理淨，砍成小塊，用料酒、川鹽 3 克、大蔥顆醃製約 5 分鐘。

❷醃製好的甲魚塊過一下清水，洗去醃料後瀝乾水分。

❸鍋裡加菜籽油大火燒至 6 成熱，放入甲魚爆炒至熟。

❹再下入青美人辣椒顆、小米辣椒顆、冰鮮青花椒，調入川鹽 3 克、味精、生抽、蠔油炒入味。

❺調入藤椒油，翻炒均勻起鍋即成。

**美味秘訣：**

❶處理甲魚時務必將血放淨，避免出現腥味。

❷洗去醃料時只需將外表沖淨即可，成菜色澤較為淨爽。避免泡水，否則醃入的味會被沖淡。

　　甲魚相關菜肴因具有食療滋補的附加價值，加上是全只入菜，傳統上一直歸屬於宴席大菜，多半採燒或燉的工藝成菜，因此烹調過程中有足夠的時間入味，較少出現味不足而吃到腥味的情況。此菜品採爆炒工藝成菜，品相清爽，香辣誘人，只是烹調時間極短，對於食材鮮度與底味的處理要求較高。

洪州風情 | **柳江** | 柳江究竟建鎮於何時，説法不一，有南宋説，也有清初説，但有一點是不容質疑的就是：柳江名勝古蹟遺跡甚多，如唐代建的三華寺遺跡，明代建的目禪寺遺跡，中西合璧的曾家園，老街下場口一排吊腳樓的王家園子，清代書法家張帶江的故居張家店、石柱房等等，這一切充分説明柳江是個歷史悠久的古鎮。

臨河而建的王家園的吊腳樓。

曾家園一景

CLASSIC **043**

# 剁椒牛肉

**特點** / 椒香清鮮，肉香帶勁

**味型** / 藤椒燒椒味　　**烹調技法** / 煮、拌

**原料：**

牛腱子肉 800 克，青二金條辣椒 100 克，蒜末 10 克，芹菜碎 5 克，香菜碎 3 克，蔥花 8 克，老薑 30 克，大蔥 50 克

**調味料：**

川鹽 12 克，味精 1 克，香料（八角 5 克，三奈 2 克，乾辣椒 5 克，乾花椒 2 克），熟香菜籽油 10 克，藤椒油 10 克，清水 2000 克

**做法：**

❶牛腱子肉洗淨，先焯一水，然後放入高壓鍋中，加川鹽 10 克、香料、老薑（拍碎）、大蔥和清水，鎖好鍋蓋，大火煮開再轉中火壓煮約 35 分鐘，確實洩壓後，打開鍋蓋，將牛腱子取出晾涼。

❷青二金條辣椒用中小火燒烤至外皮呈虎皮狀時（不規則焦褐色狀）離火，略涼後去皮。

❸去好皮的青二金條辣椒用涼開水洗淨後剁碎，納碗，加大蒜末、芹菜碎、香菜碎、蔥花等，調入川鹽 2 克、味精、熟香菜籽油和藤椒油做成燒椒醬汁。

做好燒椒菜的獨特的風味關鍵，除了選用辣椒香較足的青二金條辣椒外，另一關鍵就是菜籽油的使用，特別是物理壓榨、未被除味的的菜籽油，其獨特的氣味是燒椒醬與多數川菜特有香氣的重要來源。也因此，許多川菜菜品離開了菜籽油，就少了道地的感覺，甚至做不出該有的四川風味，可以說菜籽油在川菜中的地位，就像特級橄欖油在西餐中的地位，具有不可替代性！

❹將步驟 1 晾涼熟牛腱子肉切成薄片裝盤，澆上調好的燒椒醬汁即成。

**美味秘訣：**

❶煮牛肉類似白鹵，目的是讓牛肉有底味，要避免添加有色調味品。

❷牛肉晾涼後再切片，更容易成形，且需要橫切，即刀口要與肉纖維呈直角。

❸壓煮牛腱子時避免將肉壓炟了，保留適當的嚼勁更能吃到肉香味。

洪州風情│**林場**│洪雅林場地處四川盆地西部邊緣的眉山市洪雅縣境內，是四川省最大的國有林場，始建於 1953 年，經營總面積 93.9 萬畝。1998 年起，天然資源保護工程實施後，林場積極轉型，按照「在保護中發展，在發展中保護」的原則，先後對瓦屋山原始森林區、玉屏人工林海區進行森林旅遊開發，轉型成功後，目前擁有一年 150 萬人次的旅遊接待能力。2008 年後更引進 「森林康養」這一先進理念，2015 年被中國林業產業聯合會授予「森林康養示範基地」稱號。

**雅自天成▲** 洪雅的森林覆蓋率超過 80%，遠山美景的壯麗，或山居人家的靜逸祥和都令人忘返。

CLASSIC 044

# 藤椒拌土雞

**特點** / 色澤清爽，麻香鮮辣，彈牙滋潤

**味型** / 藤椒鮮辣味　　**烹調技法** / 煮、拌

**原料：**

理淨土公雞 1 隻（約 1000 克），清水雅筍 25 克，青美人辣椒粒 5 克，紅美人辣椒粒 5 克，青蔥（切馬耳朵狀）6 克，大蔥節 6 克，老薑（拍破）20 克

**調味料：**

川鹽 3 克，味精 1 克，香料（三奈 5 克、八角 5 克、桂皮 8 克、乾辣椒 5 克、乾花椒 3 克），藤椒油 10 克

**做法：**

❶ 理淨土公雞清洗後，放入一適當湯鍋，下入冷水，水要淹過雞，再放大蔥節、老薑和香料，大火燒開後轉小火煮熟，大約 20 分鐘後關火。

❷ 關火後，讓雞留在湯鍋中，整鍋端至一旁放涼。

❸ 清水雅筍焯水後放入盤中墊底，備用。

❹ 取一適當的湯盆，調入川鹽、味精、煮雞的雞湯 15 克攪散。

❺ 將放涼的雞肉撈出，斬成條放入調料盆中，再放入青蔥、藤椒油和青、紅美人辣椒粒輕拌，盛在步驟 3 的雅筍上即可。

　　在洪雅，雖然沒有特殊品種的雞，但因為山林面積廣闊，農村多是放養在山坡林地中，白天在野地裡捕蟲吃草，晚上回雞舍吃的也是與米雜糧等。這樣養成的土雞肉香味足、口感有勁，特別適合做涼拌雞肴。此外，洪雅地區的涼拌雞肴口味都十分突出而美味，估計多少受樂山名菜「棒棒雞」的影響，因洪雅縣曾歸樂山市管轄。

**美味秘訣：**

❶涼拌雞的雞肉煮製時冷水下鍋，讓雞肉的蛋白質隨著水溫的增加均勻凝結，加上煮好後讓全雞在湯汁中緩慢冷卻，可令雞肉香而滋潤。

❷煮雞的雞湯除了用於調味之外，也可以用於煮菜提味或煮雞湯麵。

**雅自天成▲** 散養在洪雅藤椒林中的雞雖非名貴品種，但因無污染、運動量足，雞肉風味總是較外地更勝一籌。在藤椒林中養雞還有些好處，能補肥又能減少雜草及蟲害。

CLASSIC 045
# 藤椒肚片

**特點**／口感爽脆，滋味鮮麻
**味型**／藤椒鮮辣味　　**烹調技法**／煮、拌

　　早期物資不豐盛的時候，物盡其用幾乎是一般百姓的共識，內臟食材因此普遍被接受。其中豬肚獨特的口感與滋味更是許多人的最愛，然而清洗繁瑣，沒洗淨就會有明顯的腥臊味，這一小門檻反而讓這類菜品成為工藝菜，烹調得當就能成為上檔次的菜。

**原料：**豬肚 1 個（約 1000 克），青美人辣椒粒 20 克，紅美人辣椒粒 3 克，青蔥（切馬耳朵狀）8 克，蒜粒 3 克，大蔥段 6 克，老薑片 15 克，料酒 20 克

**調味料：**川鹽 3 克，味精 3 克，藤椒油 10 克

**做法：**

❶豬肚治淨，放入適當的高壓鍋內，加大蔥段、老薑片、料酒、川鹽和能淹過豬肚的水量。中火壓煮約 45 分鐘。確定完全釋壓後開蓋，取出豬肚泡入涼開水中。❷將涼透的豬肚斜刀切成薄片，納入盆中，調入川鹽、味精、蒜末、青蔥，青、紅美人辣椒粒和藤椒油，拌勻盛盤即可。

**美味秘訣：**

❶挑選豬肚時不選表面過白的，因為那有可能是被漂白過的，而顏色稍微發紅、且均勻的較好。❷如果不用高壓鍋，豬肚採用小火慢煮，約需 2 小時。❸將煮好的豬肚泡入涼開水的目的是避免豬肚表面顏色因為發乾而變黑，成菜較清爽美觀。❹豬肚基本清洗方法：a. 將豬肚剪一個小口子，把內層翻出，用小刀把上面的殘留物刮乾淨。b. 在豬肚兩面均勻抹上適量麵粉（一般麵粉即可），特別是豬肚的褶皺部位，那裡是產胃液的地方，一定要抹上足夠的麵粉。麵粉在這裡的主要功效就是吸附豬肚裡面的胃液，以有效去除臊味，用量原則是能將豬肚全部覆蓋即可。c. 將覆蓋著麵粉的豬肚拿在手裡不停的搓揉，但是用力不能過大，以免將豬肚的肉纖維破壞。大約搓揉 5 分鐘，用清水沖洗乾淨。d. 將鹽抹在洗淨的豬肚內外兩側，靜置 5 分鐘左右，再用清水沖乾淨即可進行烹煮。

**雅自天成**▲ 槽魚灘景區的桫欏峽，因峽中有大量從恐龍同時代至今仍存在的植物活化石「桫欏樹」而得名。

**雅自天成▲** 以農林業為主的洪雅縣，除了旅遊景點，農村的小雅之美多隱藏在鄉間小路的深處。

CLASSIC 046

# 藤椒拌豇豆

**特點／**清脆爽口，清香悠麻，回口微辣
**味型／**藤椒鮮辣味　　**烹調技法／**焯、拌

　　豇豆與四季豆同為豆角類，但相比而言，嫩豇豆焯水後顏色更加碧綠，口感脆嫩，而四季豆因含有皂素毒和植物血凝毒素，需要完全煮熟其毒素才能被破壞。因此，豇豆比四季豆更適合用來作為涼拌菜原料。川菜中以嫩豇豆為主料的名菜為「薑汁豇豆」，突出薑汁香味，佐以香醋味。而藤椒拌豇豆則突出藤椒的清香麻，回口微辣，十分開胃。

**原料：**嫩豇豆 500 克，青美人辣椒圈 10 克，紅美人辣椒圈 10 克

**調味料：**川鹽 3 克，味精 3 克，藤椒油 10 克

**做法：**

❶嫩豇豆洗淨，焯水至熟後起鍋，立即以涼開水沖涼，瀝乾水。

❷將焯熟沖涼的嫩豇豆切成 5 公分左右的節，納入盆中。

❸加入川鹽、味精、藤椒油和青、紅美人辣椒圈拌勻，裝盤後即成。

**美味秘訣：**

❶嫩豇豆焯水時不可煮的過軟，以免影響口感。❷焯熟後要立刻沖涼，避免餘溫繼續增加熟度，令口感變軟，且避免顏色變黃。❸此菜雖突出藤椒的清香味，但要避免用量過多而掩蓋了嫩豇豆的鮮甜味用。

CLASSIC 047

# 藤椒雅筍絲

**特點**／脆嫩多汁，清香爽麻

**味型**／藤椒味　**烹調技法**／焯、拌

**原料：** 清水雅筍一袋（300克），青美人辣椒圈 10 克，小米辣椒圈 8 克

**調味料：** 川鹽 3 克，味精 3 克，美極鮮 5 克，藤椒油 10 克

**做法：**

❶將清水雅筍入滾水中焯水後用涼開水沖涼。

❷擠去雅筍多餘的水分，納入盆中，調入川鹽、味精、美極鮮和青美人辣椒圈拌勻。

❸再下入小米辣椒圈、藤椒油拌勻即可裝盤成菜。

**美味秘訣：**

❶清水雅筍本身鮮嫩多汁，焯水和調味都要盡可能保留其本味。

❷青美人辣椒及艷紅小米辣椒除了調節菜肴顏色，也能賦予菜肴鮮香、鮮辣味。

❸此菜品的辣度控制主要在小米辣椒使用量的多寡，若要更低的辣度，可改用紅美人辣椒等低辣度紅辣椒。

　　洪雅縣的山好、水好，物產自然也好。洪雅竹筍一直有「雅筍」美名，此菜品選用無硫煙燻工藝加工的高山野生竹筍，其質地脆嫩，筍香味濃，在川內有一定市場美譽度，也是洪雅人饋贈親朋好友的標誌性地方土特產。透過現代食品加工技術，除了乾貨形式，更有了預先泡發，被認證為有機產品的「清水雅筍」，使用上更加便利。

**洪州風情｜瓦屋山鎮｜**洪雅瓦屋山鎮位於海拔 1000 多米的山中，有約 20 萬畝竹林基地，以慈竹、箭竹、冷竹居多。每年春季，全面封山育林，任何人不能上山採筍、伐木。直到 8-9 月間才開放一個月上山採筍，洪雅人稱之為「打筍」，是瓦屋山秋筍上市的黃金期。現也開發成「打筍節」旅遊活動，遊客可在親自參與打筍及製作雪花筍、乾筍、泡筍，品嘗佳餚。

**雅自天成▲** 雅女湖位於王坪的渡船碼頭是搭船往來湖兩岸的主要渡口。

CLASSIC 048

# 双椒爆牛肉

**特點 /** 口感豐厚、清香麻辣

**味型 /** 藤椒鮮辣味　　**烹調技法 /** 爆、炒

**原料：**

牛腿肉 400 克，薑片 3 克，蒜片 3 克，青美人辣椒圈 15 克，紅美人辣椒圈 10 克，芹菜節 5 克，香菜節 3 克，洋蔥條 10 克

**調味料：**

川鹽 2 克，味精 3 克，辣鮮露 5 克，蠔油 8 克，胡椒粉 1 克，料酒 8 克，熟香菜籽油 15 克，藤椒油 10 克

**做法：**

❶牛腿肉剔除筋膜後切成小薄片，用川鹽、胡椒粉和料酒碼好味。

❷鍋裡放菜籽油，中大火燒至 6 成熱，下入牛肉爆出香味。

❸接著加洋蔥條，青、紅美人辣椒圈和芹菜節，調入味精、辣鮮露和蠔油一同翻炒。

❹臨出鍋前加入藤椒油和香菜節即可出鍋裝盤。

**美味秘訣：**

❶牛腿肉肉味較濃，口感有嚼勁，若想要口感細嫩，可選用牛里脊肉。

❷芹菜節、香菜節、洋蔥條

　　傳統家常川菜的特點在於味厚、味重，成菜色澤也多厚重，常使用豆瓣油、紅油、老油等，桌面上常常出現一片紅豔之景，餐飲蓬勃發展下，形成一種美感疲勞，人們開始對菜品的「色」，即成菜外觀有所追求。因應這一需求，加上江湖川菜的刺激，便產生了「新派川菜」這一川菜風格，不管是熱菜還是涼菜，都喜歡用新鮮青紅辣椒賦予菜肴鮮豔色澤並突出清香味和鮮辣味。此菜品就是利用青、紅辣椒賦予菜肴鮮豔的顏色，輔以藤椒味，爽口開胃。

等既能有效去除牛肉的腥異味，也能增加清爽的鮮蔬香味及鮮甜味。

❸爆炒的火候控制是菜品優劣的基本功，每一原料、調料入鍋的順序則是菜品滋味與口感完美度的關鍵。

洪州風情｜**三寶鎮**｜在交通不便的年代，三寶鎮曾是繁忙的水陸碼頭，地處洪雅縣城東南 15 公里川溪河與青衣江匯流處，是進出洪雅縣的重要口岸。明朝中期（1368-1644 年）該地叫「紅盛場」，集市設在現在三寶場下游石綿渡的南坡上。明朝末年「紅盛場」遇火災燒盡，集市逆江上遷到現在三寶場鎮的位置。清朝初年才改名為三寶場。黑白照片為 80 年代的三寶鎮碼頭，今日只剩下老樹可供回憶。

CLASSIC 049

# 藤椒爆鱔魚

**特點／**滑嫩爽口，香辣適口、藤椒味濃

**味型／**藤椒家常味　**烹調技法／**爆、炒

**原料：**去骨鱔魚 300 克，泡紅辣椒節 12 克，泡薑片 5 克，洋蔥條 15 克，去籽青美人辣椒節 50 克，鮮藤椒果 10 克

**調味料：**川鹽 4 克，味精 3 克，豆瓣 8 克，蒜片 5 克，胡椒粉 1 克，料酒 10 克，辣鮮露 5 克，熟香菜籽油 15 克，藤椒油 15 克

**做法：**

❶去骨鱔魚治淨，切成 1 寸長的節，加入川鹽 2 克、胡椒粉、料酒和藤椒油 5 克碼味去腥。

❷鍋內放熟香菜籽油，中大火燒至 6 成熱，下泡紅辣椒、泡薑、蒜片和豆瓣爆香，接著放鱔魚節一同爆炒。

❸調入川鹽 2 克、辣鮮露、味精、保鮮青花椒和藤椒油 10 克炒勻，臨出鍋前加入洋蔥條和去籽青美人辣椒節翻炒幾下，斷生即可起鍋。

**美味秘訣：**

❶去骨鱔魚碼味前需用食鹽加白醋反覆搓洗，以去除黏液和血水，然後用清水沖洗乾淨。因為黏液和血水是腥味的主要來源。

爆炒鱔魚是很考手藝的一道菜，鱔段一旦下鍋，就必須快速顛鍋爆炒，動作要快，力度要輕，使鱔段既受熱均勻，也不碎爛。而鱔魚本身容易有腥味，因此清洗及調味就很重要，除了基本的蔥薑、料酒外，以藤椒油除異去腥、調麻增奇香，再適量使用泡辣椒，利用其酸辣味強化去腥效果，又能為菜品增色提香。

❷洋蔥條和去籽青美人辣椒節入鍋炒至斷生即可，確保口感爽脆，讓整道菜的口感多樣化。

❸嗜辣者還可在炒香豆瓣時，放入一定量的細辣椒粉，或是加入適量的小米辣椒。

❹若希望成菜顏色更加紅亮、香辣味更濃，可直接用老油來炒，就不用熟香菜籽油。

❺這道菜不適合大批量製作，每次以不超過3份為宜，因量一多，爐灶火力無法維持爆炒需要的熱度，容易有受熱不足，帶生的情況。且在鍋中時間一長，成菜就失去容易爆炒的特色。

**雅自天成▲** 在陰冷的冬天，最暖心的活動莫過於德元樓的吊鍋宴篝火晚會及之後的放天燈（孔明燈），暖身、暖胃、暖心。

CLASSIC **050**

# 藤椒鹽水鴨

**特點** / 皮糯肉嫩，藤椒香味濃郁

**味型** / 藤椒五香味　　**烹調技法** / 醃、鹵

**原料：**

理淨麻鴨 1 隻（約 1000 克），小米辣椒粒 15 克，芹菜 10 克，香菜 15 克，蒜苗 12 克，香料（八角 3 克，三奈 3 克，月桂葉 2 克，丁香一克，肉桂皮 3 克，香茅草 3 克），老薑 15 克，大蔥 10 克，鮮藤椒果 5 克

**調味料：**

川鹽 75 克，鹵水 1 鍋 4000 克，胡椒粉 2 克，料酒 15 克，藤椒油 80 克

**做法：**

❶ 理淨的麻鴨洗淨，放入盆中，均勻抹上川鹽、胡椒粉、料酒、小米辣椒粒。

❷ 放入鮮藤椒果、芹菜、香菜、蒜苗、老薑、大蔥和香料等醃料，將醃料搓抹於全鴨並出味後，用保鮮膜封好，放入冰箱冷藏醃製 24 小時。

❸ 把醃製入味的鴨子放入鹵水中以中火煮熟後，轉中小火鹵 25 分鐘。

❹ 鹵好的鴨子連同鹵水一起端離爐灶，靜置涼冷。

❺ 將放涼的鴨子撈出，刷上藤椒油。

四川傳統的鴨品種是個頭不大的「麻鴨」，因毛色灰棕多斑點而得名，一般成鴨重量多只有 2-3 斤，油脂少，肉質較為緊實，肉香味濃。洪雅地區因青衣江及其支流穿縣而過，多數臨水而居的人家都會養上鴨子。此菜品在傳統白鹵五香鹽水鴨的基礎上突出藤椒風味，濃郁的藤椒清香麻很好的烘托鴨肉的鮮甜香。

❻上菜前斬件裝盤，淋上適量鹵水即可。

**美味秘訣：**

❶醃製時料要足、時間要夠，以使各種滋味充分滲入鴨肉內部。

❷鹵好後再表面刷一層藤椒油，可增加鴨肉的藤椒清香微麻風味，同時避免鴨皮乾硬。

❸鹵水做法：取一湯桶，下入清水 10 千克，將香料（八角 35 克，廣木香 9 克，白芷 180 克，三奈 35 克，千里香 10 克，香茅草 7 克，小茴香 85 克，乾藿香 7 克，靈草 9 克，南薑 6 克，甘菘 5 克，月桂葉 12 克，白蔻 15 克，排草 13 克，辛夷花 4 克，陳皮 5 克，肉桂皮 19 克，砂仁 12 克，甘草 6 片，草果 4 個，梔子 4 個，肉蔻 5 個，紅蔻 8 個，丁香 12 個）用清水沖洗過，裝入棉布袋成香料包。將香料包下入水中，大火燒開後轉中小火熬煮約 20 分鐘取出香料包即成。使用時按需求量取用。

洪州風情 **｜玉屏山｜** 花溪鎮西面是形如翡翠屏風的玉屏山，東臨花溪河及谷地平原。1970 年以前，每當晴天從洪雅城西望，就可見懸掛在玉屏山腰的飛水岩瀑布「飛流直下三千尺，疑是銀河落九天」的氣勢。在當時，許多首次到洪雅旅遊的人，對花溪鎮印象不深，但說起飛水岩瀑布人人稱道。然而，1970 年代水利建設進行截流後，只偶爾在雨水過多時才能見到飛水岩瀑布，對於飛水岩曾為洪雅旅遊象徵景點一事，更只有年近古稀的洪雅人才曉得，回憶起來還帶有失落感。

**雅自天成▲** 洪雅縣城到瓦屋山的洪瓦路上，兩邊竹樹茂密，宛若綠色隧道。

CLASSIC 051

# 藤椒小炒肉

**特點** / 香辣中帶麻香，脂香油潤而鮮

**味型** / 藤椒香辣味　　　**烹調技法** / 炒

　　小炒肉是湖南名菜，也是四川地區極為普遍的家常菜，一般選用肉質比較細嫩的豬肉，最好是正三線五花肉，辣椒最好選用形狀瘦、比較辣的小米辣椒搭配椒香突出的青二金條辣椒，成菜的辣感爽、香而有層次。做的好的小炒肉肉質細嫩，有著多層次的辣與香，不膩人。做好這道菜，食材第一，火候第二，突出香鮮。

**原料：**

去皮豬五花肉 250 克，青二金條辣椒 50 克，小米辣椒粗絲 50 克

**調味料：**

川鹽 3 克，味精 3 克，白糖 4 克，辣鮮露 10 克，熟香菜籽油 10 克，藤椒油 10 克

**做法：**

❶去皮豬五花肉切成 1.5-2 公分的片。青二金條辣椒、小米辣椒斜切成粗絲。

❷鍋中下入熟香菜籽油，中火燒至 5 成熱，下入肉片炒熟。

❸加青美人辣椒絲和小米辣椒一同翻炒，接著調入辣鮮露、川鹽、味精和白糖炒勻。

❹起鍋前加入藤椒油炒勻即成。

**美味秘訣：**

❶不宜選用太肥的豬五花肉，成菜容易發膩。

❷也可用帶皮五花肉。選用去皮五花肉是要讓整體口感較佳，避免成菜的豬皮產生頂牙的不佳口感。

❸此菜突出香辣味，因此辣椒品種選擇相對重要，辣度低了有油膩感，辣度過高肉香、脂香全被辣感淹沒。

**雅自天成▲** 洪雅太婆們都擁有一雙巧手，一個背篼、一個簸箕賣著自己手工縫製嬰兒鞋、童鞋，極為精巧，舒適度也不錯，自用、送禮、收藏皆宜。

洪州風情｜**桃源鄉**｜桃源鄉地處山區，平均海拔高度在 1200 米左右，夏涼冬寒，竹林密佈，可耕地不多。1970 年代前不通公路，只有山間驛道與外界聯繫，油鹽布匹等生活必須品，全靠肩挑背扛從山下運來，到現今仍舊只通彎曲狹窄的一般公路，然而這一劣勢卻讓桃源鄉擁有絕佳的生態環境，相較於緊張高壓的城市，這裡真如其名乃一「世外桃源」。為進一步改善交通、經濟條件，於 2018 年桃源鄉撤鄉，併入新設立的七里坪鎮，整體發展。

CLASSIC052

# 古法藤椒牛肉

**特點** / 麻辣鮮香，藤椒濃郁

**味型** / 藤椒鮮辣味　　**烹調技法** / 蒸、拌

**原料：**

小牛腱 500 克，香菜碎 30 克，小香蔥花 30 克，青小米辣椒圈 10 克，紅小米辣椒圈 30 克，冰鮮青花椒 10 克

**調味料：**

鹽 8 克，味精 2 克，雞精 2 克，藤椒油 10 克，花椒油 5 克，辣鮮露 3 克，乾辣椒 20 克，乾花椒 5 克，生薑 15 克，大蔥 20 克，八角 1 個，花雕酒 20 克

**做法：**

❶小牛腱洗淨、擦乾後放入盆中，放入鹽 5 克、生薑、大蔥、八角、花雕酒、乾辣椒和乾花椒抹勻，用保鮮膜封起，醃製 60 分鐘。

❷將醃好的牛腱肉移到盤中，入蒸籠，大火蒸約 45 分鐘至熟透，取出放涼，備用。

❸等牛肉涼冷後切成片，納盆，加入香菜碎、小香蔥花、青小米辣椒圈、紅小米辣椒圈和冰鮮青花椒，依次再加入鹽 3 克、味粉、辣鮮露、藤椒油和花椒油輕拌均勻即成。

此菜品借鑒傳統菜「旱蒸回鍋肉」的手法，肉不入水煮，而是「乾蒸」來保留更多的肉香及滋味，蒸製時放肉的盛器不帶水。因採用先醃製入味再旱蒸後涼拌成菜，其牛肉味較鹵後涼拌的更香而多滋，加上藤椒油的清、香、麻與小米辣椒的鮮辣在味蕾上碰撞，帶給食客前所未有的味覺體驗。

**美味秘訣：**

❶本菜品工藝可分階段獨立進行，極適合批量製作生產，也可以延伸製作以其他原材料為主料的菜式，如小海鮮或者家禽類。

❷切片時，刀口應與肉纖維垂直，才便於食用。

**洪州風情｜藤椒油｜**洪雅地區的人們總覺得乾藤椒欠缺鮮香味，於是衍生出食用藤椒油的食俗，今日依舊可見家家戶戶的房前屋後都要種上幾株藤椒樹。每年端午節後，藤椒成熟之際，洪雅人們都要採摘鮮藤椒回家用菜籽油閩製藤椒油，這時節走在洪雅隨時都能聞到那異香撲鼻。

**雅自天成▲** 洪雅翠屏山與對山之間是河谷平原，垂直拔地而起猶如天然跳臺，已建有國際滑翔傘基地，可以體驗滑翔傘、三角翼、輕型飛機及熱氣球等活動。

CLASSIC **053**

# 藤椒麻辣雅筍絲

**特點／**滋潤脆口，藤椒味爽，清香麻辣

**味型／**藤椒麻辣味　　**烹調技法／**拌

**原料：**雅筍絲 150 克，小香蔥 50 克

**調味料：**川鹽 3 克，味精 1 克，白糖 8 克，生抽 5 克，紅油 50 克，藤椒油 10 克

**做法：**

❶雅筍絲入沸水中汆燙後，撈入涼開水中沖涼。

❷將沖涼的雅筍絲擠乾水分，放入盆中備用

❸小香蔥切成 6 公分長的段，碼齊後鋪於盤中，備用。

❹取川鹽、味精、白糖、生抽、紅油、藤椒油等，下入裝有雅筍絲的盆中，拌勻後連同醬汁一起放在盤中的青蔥段上即成。

**美味秘訣：**

❶此菜的主味道在紅油與藤椒油，藤椒油的選擇及紅油是否做得色亮且香、辣而不燥，是美味的關鍵。

❷汆燙筍絲時，熱透即可起鍋，避免時間一長變成煮，使得口感不脆。

❸麻辣味的菜品鹽味要足，整體滋味才有厚實感與層次，才不會空麻空辣。

　　洪雅傳統菜有一明顯特點就是以藤椒油替代部分紅花椒油或粉的使用，因為藤椒油清香麻的特點，成菜後總是多了一份清香，也就多了些爽口感；特別是麻辣味，一改傳統味濃味厚的味感，形成味濃清香的新滋味。

**雅自天成▲** 走進結實纍纍的藤椒林，滿目翠綠的興奮，但要小心樹上滿滿的硬刺。

CLASSIC 054

# 藤椒涼粉

**特點**∕鮮辣香麻，涼滑爽口

**味型**∕藤椒鮮辣味　　**烹調技法**∕淋

**原料**：米涼粉 500 克，蒜頭 10 克，青美人辣椒 5 克，紅美人辣椒 10 克

**調味料**：川鹽 3 克，味精 3 克，生抽 30 克，醋 8 克，涼開水 50 克，藤椒油 10 克

**做法：**

❶涼粉改刀成方塊後裝盤；蒜頭切成蒜米；青、紅美人辣椒切成細粒，備用。

❷取一湯碗下入川鹽、味精、生抽、醋、蒜米、青、紅美人辣椒粒、涼開水、藤椒油攪勻成味汁。

❸淋適量的味汁於涼粉上即可。

**美味秘訣：**

❶味汁應現兌現用，避免放置過久，因其中的蒜頭容易氧化產生臭味，辣椒粒也會因泡在汁水中過久而失去大部分鮮味。

❷若涼粉需放冰箱冷藏保存，務必封好，避免外表乾硬。

四川米涼粉是用秈米漿加石膏水攪煮至熟後，放涼凝固而成，吃法多樣，如小吃多半是調香辣味或是酸辣味，也可用於做菜，如「涼粉燒牛肉」、「涼粉鯽魚」等。

**雅自天成▲** 高廟古鎮的雜貨商鋪賣著當地人手工編製的傳統草鞋、竹器，除了實用，更多是被遊客當作工藝品買回家收藏。

CLASSIC 055

# 藤椒舅舅粑

**特點** / 鹹香松泡，藤椒味獨特

**味型** / 藤椒咸香味　　**烹調技法** / 蒸

**原料：**

中筋麵粉 500 克，30℃清水 250 克，乾酵母粉 5 克，泡打粉 3 克

**調味料：**

川鹽 3 克，雞精 3 克，藤椒油 50 克，豬油 10 克

**做法：**

❶麵粉中加入泡打粉、酵母粉、豬油與清水調和，並揉製成團，蓋上濕潤的紗布巾，靜置發酵約 2 小時，大約 2 倍大。

❷將藤椒油、川鹽和雞精納入碗中攪勻成為味汁。

❸將發麵團擀成大麵皮，刷上味汁，卷成粗約 3 公分的長圓筒後，再切成長約 4 公分的劑子。

❹取一劑子讓切面與桌面呈直角，用手略為壓扁後，一手抓一邊，拉長至 10 公分左右，順時針糾一圈後成形，放入刷了油的蒸籠內餳發約 15 分鐘。

❺餳發完成後，直接將蒸籠放上沸水鍋，以大火蒸 10 分鐘即可。

　　「舅舅粑」正名為「糾糾粑」，傳統麵食花卷的一種，因製作時須糾成辮子狀而得名，可以做成椒鹽、麻醬、蔥油、果醬等多種口味。在洪雅地區，嫁女兒時都會由舅舅送上「糾糾粑」這一麵點，多是藤椒鹹香味，寓意嫁出去的孩子依舊與娘家有著糾結難斷的親情，要常回家看望。這一麵點因此被暱稱為「舅舅粑」。

**美味秘訣：**

❶麵團要發酵恰當，發酵不足，麵體偏硬頂牙；發酵過頭，麵體鬆垮沒有彈性且味道發酸。

❷蒸製時需根據舅舅粑實際大小確定蒸的時間，需一氣呵成。時間計算是等水沸騰、放上蒸籠後開始算。

**洪州風情｜壩壩宴｜**在洪雅，與全川多數農村一樣，婚喪喜慶都離不開壩壩宴，早期物資與交通還不通暢時，壩壩宴的掌杓者多是平日務農的鄉廚，每個鄉廚都有幾道拿手菜。現今交通與物資變佳了，也就派生出專門操辦壩壩宴的餐飲服務行業，傳統壩壩宴除令人懷念的滋味之外，更多的是那一份濃得化不開的鄉情。

**雅自天成▲** 柳江古鎮周邊名勝古蹟甚多，如唐代建的三華寺，明代建的目禪寺，中西合璧的曾家園，老街下場口一排吊腳樓的王家園子等。圖為古鎮一景。

# 藤椒煎餃

**特點** / 酥黃香脆，鹹鮮酸香

**味型** / 藤椒鹹酸味　　**烹調技法** / 蒸、煎

## 原料：

餃子皮 300 克，五花肉 200 克，泡蘿蔔 10 克，泡酸菜 20 克，泡豇豆 20 克

## 調味料：

川鹽 2 克，味精 2 克，白糖 6 克，藤椒油 10 克，豬油 20 克

## 做法：

① 豬五花肉剁碎，泡蘿蔔、泡酸菜、泡豇豆切碎。

② 鍋中加豬油燒熱，下豬五花肉碎炒香後，放泡蘿蔔、泡酸菜和泡豇豆碎稍炒即可起鍋。

③ 待步驟 2 的炒料涼冷後，調入川鹽、味精、白糖和藤椒油拌勻即成餡料。

④ 將餡料包入餃子皮中封好口，上籠蒸熟。

⑤ 取蒸熟的餃子放入加有少許油的平底鍋內依次擺開，將底部煎至金黃即可。

## 美味秘訣：

① 使用豬油炒料，除了增香，更利用豬油冷卻後為固態的特性，讓餡料不會過於鬆散，更便於包製。

② 油鍋要熱，才容易煎得酥香。煎好的餃子需要儘快食用，否則底部酥脆的口感容易丟失。

③ 因使用鹹味重的泡蘿蔔、泡酸菜和泡豇豆等泡菜調製餡料，要特別注意餡料的鹹度。控制方式是將泡菜料泡一下水，以去除一部分鹹度，但要注意，鹹度去得太多，泡菜風味也會丟失。

④ 料炒好時試一下鹹度，若鹹味足了，配方中的鹽可以不加。

在洪雅，水餃的風味也極具特色，重用泡酸菜、泡豇豆、泡蘿蔔，調味時還要加入藤椒油提香，做成煎餃後有獨特的酸香鮮麻味，十分爽口。關於鍋貼和煎餃的區別，有許多人認為它們是一樣的，有些地方甚至是鍋貼、煎餃兩個詞混用！其實兩者的製作方法差異是很大的，煎餃需將餃子先蒸或煮熟，然後再用少許油煎得金黃，煎主要是為了增加口感和風味。而鍋貼是生餃子直接下入加了油的熱鍋貼齊，再加水、加蓋燜的水油煎，同時讓餃子成熟並賦予餃子底部金黃色。

**雅自天成▲** 洪雅城南有三座標誌性的跨江大橋，東邊是老橋：青衣江大橋，即圖片中的大橋；中間是洪洲大橋；西邊是新建的青衣江三號橋。

**洪州風情｜油炸粑｜**在洪雅地區，有一小吃十分獨特，洪雅以外少見，叫「油炸粑」，除了縣城外，就是余坪場鎮最喜愛的小吃，多作為早點，一條短短的街上就有三五個攤攤在賣。油炸粑是將蒸得炽糯的粑粑切片，包入鮮肉餡，再下鍋炸至表面脆香且餡熟即可。一出鍋，咬上一口，脆香軟糯中衝出濃濃的鮮肉香、脂香、蔥香，十分有滿足感。

CLASSIC 057

# 藤椒清湯麵

**特點**／湯清鮮爽微麻，藤椒味清香迷人

**味型**／藤椒鹹鮮味　　**烹調技法**／煮

**原料：**鮮麵條 200 克，清江菜 2 葉

**調味料：**川鹽 4 克，味精 2 克，藤椒油 4 克，雞油 4 克，熱鮮雞湯 700 克

**做法：**

❶取 2 湯碗，平均下入加川鹽、味精、雞油和熱鮮雞湯調好味。

❷麵條下入沸水鍋內，煮至斷生，撈出瀝水，放入湯碗中。

❸撈麵同時下入清江菜在沸水中汆一下，撈起放在碗中麵條上，最後淋上藤椒油即可。

**美味秘訣：**

❶製作清湯麵最好使用自己熬製的雞湯、雞油，成品更鮮香、更濃郁。

❷藤椒油的使用量避免過多，以能賦予鮮湯、麵條淡淡的清香為宜，多了就敗味，會壓掉湯、麵的鮮香味。

❸麵條選用韭菜葉寬的較佳，過細，口感、麵香不足；過寬，麵香容易壓過清湯鮮美味道。

❹若是想要有點辣味，可加幾顆新鮮的青美人辣椒圈，能保有清湯麵的清爽，鮮辣味對整體風味也有提鮮、爽口的效果。

❺清江菜又稱青江菜，可換成方便取得或自己喜愛的蔬菜。

　　在洪雅，家家戶戶總是習慣在煮麵條時調入藤椒油，以增清香麻的爽滋味，特別是清湯麵，更能享受藤椒的獨特風味。清湯麵美味的關鍵在於湯，而與藤椒風味最搭配的首選雞湯，只做簡單調味，不過度調味，特別是會讓麵條、麵湯上色的，如醬油、紅油等等。藤椒清湯麵成品麵條潔白、湯色清爽，搭一點青色葉菜，吃來清淡爽口，非常適合喜吃清淡又想享受藤椒風味的族群。

**洪州風情｜北街｜**

縣城最熱鬧的美食一條街「北街」，北街位於商業步行街的週邊，多數洪雅人逛街前後都會來這裡過把癮，有大盆串串、燒烤或各式鹵貨、小炒，還有冰粉、烤串等等的攤攤。

**雅自天成▲** 位於槽魚灘山上的茶園，早晨陽光讓人心曠神怡。茶園的適當位置還能俯瞰槽魚灘水壩的全景。

CLASSIC **058**

# 藤椒酸菜臘肉麵

**特點 /** 酸香麻爽，肉香麵實

**味型 /** 藤椒鹹酸味　　　**烹調技法 /** 煮

　　農林業為主的洪雅，臘肉是早期很重要的肉品保存方式，即使現今有許多爆先技術與設備，臘肉仍是多數人的最愛，因為那煙臘味幾乎是一把時間之鑰，常能打開人們的懷舊之情。使用農家泡酸菜和臘肉搭配下麵條，風味質樸且獨特，酸香微辣十分開胃爽口。此麵臊類似酸菜肉絲麵臊，可根據個人口味，適當加入泡野山椒增加酸辣風味。

**原料：**

麵條 100 克，酸菜 20 克，蒸熟臘肉 15 克，清江菜 3 葉

**調味料：**

川鹽 1 克，豬油 2 克，藤椒油 3 克，豬骨高湯 350 克

**做法：**

❶蒸熟臘肉切成絲，酸菜切細。

❷鍋內放豬油燒熱，下臘肉絲和酸菜炒香，摻入熱燙的豬骨高湯，調入川鹽即成湯臊。

❸麵條下入沸水鍋內，煮至斷生後撈出瀝水裝入碗中。

❹撈麵同時下入清江菜在沸水中汆一下，撈起放在碗中麵條上澆入酸菜臘肉湯麵臊，淋上藤椒油即可。

**美味秘訣：**

❶麵條煮製過程中可適度點入冷水，以使麵條受熱均勻，且不渾湯。

❷湯麵用的是湯臊時，避免另外加清湯或麵湯，以保證足夠濃郁的風味。

❸此麵品滋味較厚，除了用韭菜葉子水麵，也可用麵片或刀削麵等。

❹搭配的蔬菜可換成方便取得或自己喜愛的。

湖南 · 長沙

# 徐記海鮮（湖南徐記酒店管理有限公司）

商務宴請，更多人到徐記海鮮

徐記海鮮 1999 年第一家店開業，創始人徐國華先生為海鮮供應商出身，知道只有最新鮮的海鮮才能烹飪出極致的美味。經過多年積累，徐記海鮮在食材採購、菜品組合、口味研發、就餐環境及服務的規範性等方面形成獨特優勢。目前長沙、西安、株洲已有 20 多家店，2016 年接待突破 400 萬人次，是長沙備受歡迎的中高檔酒樓。

**推薦菜品：**

❶媽媽燜老南瓜 ❷原味青椒蒜茸粉絲 ❸蒸俄羅斯板蟹 ❹堂灼魚湯蚌仔❺辣酒煮小花螺

**體驗資訊：**

地址：湖南省長沙市芙蓉中路 1 段 163 號新時代廣場南棟 20 樓

訂餐電話：13875855689

人均消費：130 元人民幣

付款方式：√現金 √微信 √支付寶 √銀聯

座位數：20 多家分店

停車資訊：√周邊公共停車位 √自有停車位

湖南 · 長沙

# 田趣園本味菜館

田園拾趣 快樂下廚 食取天然 怡心健康

成立於 2008 年，一直深入食材味道、烹調技法的研究。從原材料到廚房，從廚房到餐桌，從餐桌到舌尖，每一個細節都是完美味道的體驗。經營以新鮮健康的食材、道地湖湘風味，以長沙本味菜為主要特色，再融合其他地區的經典風味代表菜。

## 推薦菜品：

❶藤椒手打肉丸 ❷藤椒回鍋鴨 ❸椒香五穀雜糧 ❹藤椒翹嘴魚頭 ❺五香牛肉夾饃

## 體驗資訊：

地址：湖南省長沙市開福區潘家坪路 29 號

訂餐電話：0731-84683987

人均消費：50 元人民幣

付款方式：√現金 √微信 √支付寶 √銀聯

座位數：大廳約 200 位，各式包廂 8 間

停車資訊：√自有停車位約 60 個

臺灣・台北

# 開飯川食堂

臺灣川菜連鎖餐廳第一品牌 一不小心就愛上的暢快爽辣

開飯川食堂，一個翻騰味蕾、讓人胃口大開的辛香食堂。承襲福利川菜四十五年的正統精湛手藝，開飯認真選用天然食材，巧妙調配複雜多樣的辛香料，不僅料到、物到、火候到，更要用最熱血的心，為您端上鮮香麻辣的正宗川味料理，期待相聚開飯的每一刻，都能再三回味！

**推薦菜品：**

❶流口水雞 ❷翻滾吧！肥腸 ❸催淚蛋 ❹椒麻杏鮑菇 ❺椒麻雞片

**體驗資訊：**

地址：台北市大同區承德路一段 1 號 B3（Q square 京站時尚廣場）

網頁：http://www.kaifun.com.tw （可查詢離你最近的開飯川食堂）

餐廳電話：02-2556-5788

人均消費：550 元新台幣

付款方式：√現金 √微信 √支付寶 √銀聯 √VISA √MASTER
√其他 JCB、AE

座位數：大廳約 96 位

停車信息：百貨公司公共停車位

Zanthoxylum
armatum

第六篇

巧用藤椒
創新菜

# CREATIVE

　　行銷圈中有這樣一句話:「愈民間的愈國際化」,餐飲圈中常說的「好菜在民間」、「創新來自民間」則很好的呼應這行銷原則。因為百姓家常菜多是有什麼煮什麼,沒太多規範,更多因地制宜的靈活變化,重點就是讓成菜適口、家人愛吃,形成民間家常菜的最大特色:風格鮮明!放到餐飲市場上就是菜品風味獨到、新穎。

　　話說川菜中的藤椒味原就存在於洪雅及周邊地區,早期受限於交流和運輸條件未能普遍被認識,現藤椒油已商品化且廣為市場接受,因藤椒油獨特而突出的清香麻風味,總是讓食客們印象深刻。

　　過去,藤椒風味菜是江湖菜、新派菜;今天,除了經典藤椒菜,還有更多創新菜品,運用藤椒香麻著省內外餐飲市場。

CREATIVE 059

# 木香紅湯肥牛

**特點** / 肥牛滋潤而香，口味濃郁，木香突出

**味型** / 家常木香味　　**烹調技法** / 煮

現代川菜中的經典「酸湯肥牛」鮮辣酸香，是多數酒樓的火爆菜品，其獨特香氣關鍵來自藤椒油的清香。另因使用海南黃燈籠椒醬調製酸辣味，成菜湯色金黃，故又名「金湯肥牛」。這裡用清湯木香大醬直接取代鮮香酸辣而金黃的湯汁，賦予肥牛木香鮮爽而酸辣特殊風味，成菜快滋味足。

**原料：**
肥牛 300 克，金針菇 150 克，青筍 150 克，蒜苗顆 5 克

**調味料：**
豬油 50 克，清湯木香醬 80 克

**做法：**
❶金針菇去除老頭，青筍切成絲，一起放入沸水鍋內焯熟，撈出瀝水後放在深盤底。
❷鍋中下入豬油，開中大火燒至 5 成熱，下清湯木香醬炒香，摻入清水 200 克煮沸後下入肥牛煮熟。
❸撈出肥牛置於盤中蔬菜上，灌入湯汁，點綴蒜苗顆即成。

**美味秘訣：**
❶肥牛不能久煮，久了口感就不滋潤。
❷金針菇和青筍絲也不能在開水鍋內久煮，會失去脆性。
❸此菜品食材都不能久煮，因此湯汁的調味要略微厚些，食用時，味感才飽滿。

**雅自天成**▲ 藤椒的開花季節在每年農曆年後一個月左右開始，持續約一個月。

**洪州風情｜椒房｜**「椒」是中國古代宮廷文化的重要組成元素，相關記載如《周頌‧載芟》：「有椒其馨」；屈原在《九歌》中：「奠桂酒兮椒漿，播芳椒兮成堂」，椒漿即椒酒。西漢《西都賦》：「後宮則有掖庭椒房」。椒房指皇后居住的宮殿，又名「椒室」，以椒和泥塗抹居室的牆壁，取溫香多子之義。圖為洪雅藤椒文化博物館復原示意的椒房。

CREATIVE **060**

# 藤椒香肘子

**特點 /** 色澤紅亮，肥而不膩，藤椒味醇

**味型 /** 藤椒家常味　　**烹調技法 /** 燉、蒸

此菜為川菜傳統菜品，豆瓣家常味的「家常肘子」改良版，使用複合風味的紅湯藤椒大醬除了可以代替豆瓣外，還可減少調輔料的準備，讓備料變簡單，烹調變得有效率。成菜後的香味和滋味的豐富度反而得到極大提升。這要歸功於紅湯藤椒大醬本身就是用了十餘種調輔料炒製而成，而非利用添加劑調味，因此底味十足、回味悠長。

**原料：**

豬肘子 1 個（約 1000 克），薑片 10 克，蔥節 20 克，薑末 40 克，蒜末 20 克

**調味料：**

白糖 30 克，醋 30 克，料酒 20 克，太白粉水 20 克，紅湯藤椒醬 100 克，熟香菜籽油 60 克

**做法：**

❶豬肘子焯水後治淨，放入加有薑片、蔥節和料酒的水鍋中，開大火煮開，轉小火燉約 45 分鐘至軟糯。

❷燉好的肘子瀝湯後盛入缽中，再上蒸籠用大火蒸約 1 小時至炟軟。出籠，扣入深盤中。

❸鍋內加菜籽油，開中大火燒至 5 成熱，放入紅湯藤椒醬、蒜末和薑末炒出香味，然後摻入燉肘子的鮮湯 100 克，調入白糖煮化。

❹再調入醋煮開，用太白粉水勾薄芡，起鍋淋在蒸熟的肘子上即可。

**美味秘訣：**

❶豬肘子採用先燉後蒸的方式成熟，既能使肘子熟透，還能保持形整不爛。

❷醋可分兩次下，一半與糖一起下，一半在勾芡前下，可保有較佳的醋香與酸的平衡。

**雅自天成▼** 洪雅縣老橋，即青衣江大橋，建成於 1979 年，至今依舊是重要的交通要道。

*洪州風情* **┃ 牛兒燈 ┃** 洪雅縣歷來是七山一水二分田的地方，在農村很多地方山高石頭多。臘月三十晚上，辛苦一年的人們都要祈願來年豐收，大年初一初二過後，第三天就要出去耍各種燈，過個歡樂的年。為感謝牛兒給人們耕田耕地一年的辛苦勞動，人們扮起牛兒燈到家家戶戶討吉利，邊耍牛兒燈邊唱山歌，要一直耍到元宵。

CREATIVE 061

# 紅湯藤椒焗魚頭

**特點** / 魚頭鮮嫩入味，濃郁複合香
**味型** / 藤椒香辣味　　**烹調技法** / 煎、焗

運用魚頭成菜的菜品常見調味難點在如何讓主料出本味，調料入滋味！沒做好，就會魚味和調味各自獨立，味感突兀缺層次，這情況也容易出腥味。因此只要魚頭不是斬小塊，這問題就會被突顯，主因就是魚頭厚度太大。做好這類菜品的基本烹調原則就是魚頭要碼足底味，調味要濃郁有層次，烹煮時間要足。此菜運用複合醬料藤椒、木香大醬做為主要調味料可一料抵多料，因其本身就味豐味厚，降低調味複雜度，又能確實提味入味。

**原料：**

花鰱魚頭約 1000 克，洋蔥塊 30 克，大蒜片 8 克，生薑片 8 克，青美人辣椒圈 5 克，紅美人辣椒圈 10 克

**調味料：**

精鹽 8 克，味精 3 克，雞精 5 克，太白粉 50 克，紅湯藤椒醬 40 克，紅湯木香醬 20 克，藤椒油 20 克，花雕酒 100 克，雞油 100 克

**做法：**

❶將理淨、改好刀的魚頭放入盆中，依次加入精鹽、味精、雞精、花雕酒 70 克、紅湯藤椒醬、紅湯木香醬、太白粉和藤椒油上漿，碼味約 30 分鐘。❷不沾鍋中放入雞油 35 克，開中火燒至 6 成熱，將碼好味的魚頭除去醃料後放入，煎至兩面金黃。❸砂鍋煲仔中加雞油 65 克，開中火燒至 5 成熱，下洋蔥塊、大蒜片、生薑片和盆中的醃料一起炒香。❹將煎好的魚頭放在炒香的料中，加蓋焗 2 分鐘後淋入花雕酒 30 克，放青、紅美人辣椒圈即可。

**美味秘訣：**

❶魚頭先煎後焗可減少腥味且口感、香氣、味道更佳
❷批量製作時可提前將步驟 1 的碼味料一次調製好備用。

**雅自天成▼**
清晨從洪雅縣城遠眺峨嵋山。

洪州風情 **｜ 打筍節 ｜** 地處高海拔的瓦屋山鎮，擁有近 10 萬畝高山冷竹筍，採摘冷竹筍被當地譽為「打筍子」。每年 8 月中下旬的處暑前後，瓦屋山鎮都會舉行為期一個月「打筍節」，通過舉行祭山儀式、民俗文化展演等，向外界展示當地多姿多彩的青羌文化和民俗風情，遊客更可親自體驗打筍的趣味。圖為冷竹筍及冬季被雪覆蓋的高山竹林。

**美味秘訣：**

煳辣油製作方法：乾辣椒 50 克和乾花椒 30 克清洗後瀝乾水，備用。熟香菜籽油 300 克以中大火燒至 5 成熱後，加入大蔥 50 克、老薑 50 克、辣椒和花椒炸乾水分，撈去料渣即成。煳辣油可大批量製作生產，廣泛用於製作冷熱菜。

CREATIVE 062

# 知味雅筍

**特點 /** 脆爽美味，煳辣鮮香
**味型 /** 煳辣味　　**烹調技法 /** 煨、拌

　　洪雅高山冷竹筍產自原始山林，無法立刻送出大山，因此都經過乾製，一來保存時間長，二是更便於運送下山。產自洪雅山區的冷竹筍乾經漲發後口感特別爽脆且筍香濃郁中有著優雅的煙香味，而有「雅筍」之名。

　　雅筍雖然美味，其漲發過程卻十分費時耗工，阻礙多數人一親他的美味。幸運的是現在有「幺麻子清水雅筍」，克服了發製好的雅筍難以長時間保存並確保口感的技術門檻，一開袋就能享受口感爽脆、筍香濃郁的雅筍好滋味。好食材只需要簡單的調味！這裡以煳辣油的「厚」，藤椒油的「清香」，烘托雅筍脆爽煙香的「雅」。

**原料：**

清水雅筍 300 克

**調味料：**

精鹽 3 克，味精 2 克，煳辣油 15 克，藤椒油 5 克，高湯 80 克

**做法：**

❶清水雅筍改刀成 6 公分的段，下入高湯中用中火煮。❷調入精鹽 2 克，轉小火將清水雅筍煨至入味，撈出瀝乾水分備用。❸煨製好的清水雅筍加入精鹽 1 克、味精和煳辣油、藤椒油拌勻即可。

CREATIVE 063

# 妙味文蛤跳跳蛙

**特點** / 湯鮮味美，風味獨特

**味型** / 藤椒木香味　　**烹調技法** / 滑、燴

**原料：**

理淨牛蛙 2 只（約 300 克），文蛤 200 克，清水雅筍 300 克，青小米辣椒圈 5 克，紅小米辣椒圈 10 克

**調味料：**

精鹽 2 克，味精 2 克，雞精 5 克，花雕酒 50 克，太白粉 50 克，高湯 50 克，清湯藤椒醬 30 克，清湯木香醬 10 克，藤椒油 10 克，木薑油 5 克，熟香菜籽油 450 克

**做法：**

❶ 清水雅筍焯水後瀝乾墊入盤底，備用。

❷ 淨鍋中加入清水 1000 克，開中大火煮沸，加入花雕酒 15 克，再下文蛤焯水，備用。

❸ 牛蛙改刀成塊狀，納入盆中加精鹽、花雕酒 35 克和太白粉碼味上漿，約 5 分鐘。

❹ 取淨鍋下入熟香菜籽油 400 克，轉中大火燒至 6 成熱，放入碼味上漿的牛蛙塊滑油，瀝出。

❺ 鍋中菜籽油倒至湯鍋中另作他用，鍋內留菜籽油約 20 克，開中火，下清湯藤椒醬和清湯木香醬炒香後加入高湯，調入味精和雞精推勻。

文蛤又叫蛤蜊，產自沿海砂岸，現多人工養殖，肉質鮮甜，對內地來說「海味」鮮明。此菜利用文蛤的海味作為調味的一部分，體現海鮮風味的同時兼顧多數人的口味差異，搭配本身沒有明顯氣味的牛蛙為此菜增加豐富感。再加上藤椒、木薑的獨特香氣及多層次複合味的醬料，融合出了奇妙而美味的滋味。

⑥往鍋內依次放入牛蛙、文蛤略煮 2 分鐘，下入青、紅小米辣椒圈，調入藤椒油、木薑油推勻，出鍋裝盤。

**美味秘訣：**

❶滑油時間不可過長，不須熟透，以定型並略微上色即可，後面還有第二次烹煮。

❷此菜的風味及做法也適用於家禽類、河鮮類為原料的特色口味菜。可根據食客需求更換主料，批量製作快捷方便。

**雅自天成▼** 洪雅縣雅女湖景致。

CREATIVE **064**

# 藤椒缽缽魚

**特點 /** 鮮香麻辣，藤椒味濃郁
**味型 /** 藤椒鮮辣味　　**烹調技法 /** 滑、泡

**原料：**

草魚 1 條（約 1000 克），二荊條青辣椒圈 100 克，紅小米辣椒圈 50 克，青筍片 80 克，紅蘿蔔片 80 克，竹籤適量

**調味料：**

精鹽 18 克，味精 2 克，雞精 3 克，料酒 10 克，胡椒粉 2 克，蛋清 1 個，太白粉 5 克，鮮湯 1000 克，藤椒油 35 克

**做法：**

❶草魚宰殺洗淨後去骨不用，把魚肉片成薄片納入盆中，加入料酒、胡椒粉、精鹽 3 克、蛋清、太白粉碼勻、醃製 15 分鐘。

❷把青筍片、紅蘿蔔片及醃製好的魚片用熱水　熟，晾涼後用竹籤串起來，備用。

❸取一缽，調入精鹽 15 克、味精、雞精、藤椒油、清湯、二荊條青辣椒圈、紅小米辣椒圈攪勻即成味汁。

❹將魚肉串、青筍片串、紅蘿蔔片串泡入味汁中即可食用。

　　藤椒缽缽雞是藤椒味型的代表性菜品，充分體現出藤椒油的清、香、麻，口味獨特！此菜借鑒缽缽雞的烹調手法，改用鮮而嫩的河鮮入菜，利用藤椒油的滋味進一步提升河鮮的鮮美滋味，細嫩口感吃來更覺精緻。針對河鮮本味特點，主要將青美人辣椒換成青二荊條辣椒以提高椒香味來彌補河鮮較弱的肉香味，而紅美人辣椒換成紅小米辣椒來提高鮮辣感，更突顯「鮮」味，其他調料則在此原則上適度增減。

**美味秘訣：**

❶氽燙魚片時火候宜小，保持微騰為佳，避免沸騰沖散魚片。也要避免久煮令魚肉發柴。

❷.草魚也可改用黔魚、鯉魚、江團、紅沙魚等，以刺少肉質扎實的為佳。

❸此菜品也可做成紅油木香味，湯料配方、做法如下：

取一湯缽，放入川鹽 15 克、味精 2 克、雞精 3 克、木薑油 15 克、紅油辣子 200 克、糖 10 克、鮮湯 1000 克攪勻，即成紅油味湯料，放入魚肉串、青筍片串、紅蘿蔔片串浸泡 1-2 分鐘即可食用。

**雅自天成▼** 洪雅農村風情。

CREATIVE 065

# 藤椒清燉豬蹄

**特點** / 湯濃香，肉炸軟，回口微麻辣

**味型** / 藤椒味　　**烹調技法** / 燉

**原料：**

豬蹄 1 個（約 1000 克），寬粉 100 克，小香蔥花 10 克

**調味料：**

精鹽 5 克，雞精 3 克，鮮湯 1200 克，清湯藤椒醬 1 袋（300 克），熟香菜籽油 30 克

**做法：**

❶豬蹄砍成小塊，焯水後去除毛渣。

❷鍋內加菜籽油，開中大火燒至 5 成熱，放入清湯藤椒醬炒香，摻鮮湯、調入精鹽和雞精，放入豬蹄，中火煮開後改用小火燉約 1.5 小時至炸軟。

❸寬粉用熱水泡發好後放湯缽底，盛入燉好的豬蹄及湯汁，撒上小香蔥花即可。

**美味秘訣：**

❶豬蹄子一定將毛渣清理乾淨才美觀，也方便食用。

❷此菜改用清湯木香醬就成為木香清燉豬蹄。

　　此菜跳脫傳統的清燉風格，在清鮮滋潤的基礎上加入了鹹鮮酸香而微麻辣的滋味，使豬蹄子吃起來爽口不油膩，湯汁味厚但清爽適口，十分美味。在烹飪工藝及備料的部分卻因為選用清湯藤椒大醬而大大簡化，一杓醬料可替代近十種調輔料，使用得當同樣可做到「一菜一格，百菜百味」。

**洪州風情｜將軍鄉｜** 在洪雅縣城南面隔青衣江相望的鄉名為「將軍」，但歷史上「將軍鄉」卻從沒出過叱吒疆場的將軍，為何有將軍之名？鄉名是來自民間流傳的義薄雲天故事。

話說將軍鄉一帶，董姓人家居多，宋代時即稱董村。在北宋咸平至南宋乾道年間的 170 多年中，出了 13 名進士而名聲大振。其中董濟民支持岳飛、胡銓等人主戰抗金，而對秦檜一夥賣國求和的勾當深惡痛疾。後因胡銓被誣陷而聯名保釋他。秦檜一怒羅織罪名，抓人前夕獲朋友報警，他以「父喪丁憂」為由，匆匆逃回家鄉避難。

秦檜又挾持虯髯將軍母親迫使他追殺董濟民一門。虯髯將軍到了洪雅後陷入矛盾，後決定以犧牲自己保全董濟民全家的性命，用死向秦檜抗爭。董家感念他的恩情，厚葬虯髯將軍，並修建「將軍廟」。時間一久董村之名被人遺忘，百姓以廟為名，「將軍」就成了當地的地名。

## CREATIVE 066
# 木香蛙腿

**特點** / 湯色黃綠，木香濃郁，滋味獨特，微辣爽口
**味型** / 鮮椒木香味　　**烹調技法** / 燒

**原料：**

理淨蛙腿 500 克，清水雅筍 300 克，西芹 150 克，青小米辣椒圈 30 克，紅小米辣椒圈 30 克

**調味料：**

清湯木香醬 100 克，木薑油 15 克，鮮湯 500 克

**做法：**

❶蛙腿斬成小件，清水雅筍改成小件，西芹斜切成節。❷鍋內加入高湯，開中火，下清湯木香醬熬煮約 3 分鐘，再下清水雅筍和西芹燒 1-2 分鐘，撈出墊入深盤底。❸接著放入蛙腿燒約 1 分鐘至熟，連湯汁一起盛入深盤的雅筍、西芹上。❹取淨鍋放木薑油，開中火燒至 5 成熱，下青、紅小米辣椒圈炒香後起鍋淋入盤中牛蛙上即可。

　　川菜的一個重要特點就是「複合味」！從用料最能看出這一特點，如「水煮牛肉」的麻辣味，用郫縣豆瓣的醬香醇辣做基礎，薑除了去異味，更添辛辣感，再加上乾辣椒、紅花椒做的刀口辣椒烟香味濃，麻辣味重，成菜後撒在面上、熱油一激，烟香味撲鼻，刺激、醇厚而層次完善的麻辣味才算完成。所以道地的麻辣味不是要麻傻人、辣死人，而是要讓人在麻辣味中感受激情、滿足與舒服。

　　川菜滋味的複雜讓多數人掌握不了，但在適合醬料的協助下將變得容易，這裡的「清湯木香大醬」就是其一。備好主輔料，複雜調味就只需一味「大醬」。

**美味秘訣：**

❶雅筍入鍋後可燒久一點，更入味。西芹在起鍋前 1-2 分鐘再下，保持其鮮脆特點。❷木香醬本身即有足夠的鹽味與滋味，因此本菜不需再添加其他調味料。❸主輔料可根據地域偏好任意配搭。

**雅自天成▼** 槽漁灘茶園全景。

淡水小龍蝦於 1930 年代就引入養殖作為飼料的來源，端上餐桌當菜品則是 1960 年代以後的事了。直到 1980 年代才開始當作水產資源加以開發利用，也才有今日大家熟悉不過的食材「小龍蝦」，更成為近幾年餐飲宵夜市場的火爆單品。運用藤椒、木香醬製作的小龍蝦口味獨特，多汁入味。製作時加入啤酒，可以讓小龍蝦口感更好，且風味別致。此做法可延伸製作各類小海鮮為主料的宵夜菜品，是「夜貓子」吃貨們的首選。

**洪州風情｜觀音寺｜**洪雅縣槽漁灘鎮觀音寺位於槽漁灘景區內，建於 1994 年，建有望峽樓、千手觀音殿、天王殿、三十二應身殿等建築，視野開闊，可俯瞰水庫區。

CREATIVE 067
# 藤椒木香小龍蝦

**特點** / 色澤紅亮，奇香麻辣，蝦肉鮮甜
**味型** / 藤椒木香味　　**烹調技法** / 燒

**原料：**

小龍蝦 1000 克，雞腿菇 200 克，大蒜 30 克，仔薑 80 克，青小米辣椒圈 30 克，紅小米辣椒圈 30 克

**調味料：**

精鹽 5 克，味精 3 克，雞精 10 克，啤酒 1 瓶（600 毫升），紅湯藤椒醬 100 克，紅湯木香醬 60 克，藤椒油 50 克，熟香菜籽油 500 克

**做法：**

❶小龍蝦治淨；雞腿菇切成片；大蒜、仔薑切成厚片。

❷鍋內加入熟香菜籽油，開中大火燒至 6 成熱，放入小龍蝦過油後撈出；接著把雞腿菇下入過油，撈出瀝油，備用。

❸鍋內留熟香菜籽油約 50 克，其餘的油倒至淨湯鍋中，留作他用；開中大火燒至 5 成熱，加入大蒜片、仔薑片、青、紅小米辣椒圈和紅湯藤椒醬、紅湯木香醬炒香。

❹然後放入小龍蝦，加入啤酒，調入精鹽、味精和雞精，下雞腿菇，改用中火收汁，最後淋入藤椒油推勻即可。

**美味秘訣：**

❶小龍蝦務必清洗乾淨，避免腥異味重的泥沙、雜質影響成菜風味。❷滑油的目的在於透過高溫油將小龍蝦的殼香味炸出來，讓成菜的香味更豐富。❸選用紅湯系列大醬能使成菜味道更厚重，若想要爽口一點，可改用清湯系列大醬。

CREATIVE **068**

# 藤椒醬炒魚丁

**特點 /** 紅白綠相間，椒香清新，魚肉鮮嫩

**味型 /** 藤椒鮮椒味　　**烹調技法 /** 滑、炒

　　滑炒是炒法的一種，其工藝為先滑後炒，主要用於質嫩的動物性原料，原料經過改刀切成絲、片、丁、條等形狀後，用蛋清、太白粉上漿，再下入4-5成熱的溫油中滑散、定型，倒入漏杓瀝去餘油後再進行炒的工藝，成菜特點多半清爽細嫩。這道「藤椒醬炒魚丁」就是利用這一工藝特點，確保成菜的魚丁口感細嫩，能與油酥花生的酥脆口感產生對比，形成趣味。

**原料：**

黔魚 1 條（約 1000 克），青美人辣椒顆 50 克，小米辣椒顆 50 克，大蔥顆 50 克，油酥花生 20 克，雞蛋清 1 個，豌豆粉 10 克

**調味料：**

精鹽 3 克，糖 30 克，醋 30 克，料酒 20 克，太白粉水 10 克，清湯藤椒醬 60 克，熟香菜籽油 350 克

**做法：**

❶黔魚宰殺治淨後去骨不用，把魚肉切成丁，加精鹽 2 克、料酒、雞蛋清和豌豆粉碼味上漿。

❷鍋內放菜籽油開中大火燒至 4 成熱，下魚丁滑熟後撈出瀝油。

❸取一碗，放入糖、醋、太白粉水攪散成滋汁。

❹鍋內留油約 30 克，其餘的油倒至淨湯鍋中，留作他用；開中大火燒至 5 成熱，下小米辣椒顆、青辣椒顆和大蔥顆爆香後，下清湯藤椒醬炒香。

❺接著放入滑熟的魚丁翻炒入味，調入滋汁炒勻，起鍋前加入油酥花生翻勻即成。

**美味秘訣：**

❶黔魚的腥味較重，先用精鹽、料酒碼好味再上漿，利用料酒中的酒精揮發性除掉更多腥味。

❷魚肉滑炒油溫很重要，以四五成為宜，方能保持潔白顏色和鮮嫩口感。

❸滑炒前必須將鍋洗乾淨，然後滑油炙鍋，避免食材入鍋滑油時沾黏而不成形；下料後要及時滑散食材，防止脫漿、結團；滑散的食材要馬上出鍋，並瀝淨油，成菜才清爽。

**雅自天成▼** 余坪鎮掛麵作坊。

CREATIVE 069

# 木香醬炒蛙丁

**特點 /** 木香味突出，色澤鮮亮，鮮辣多滋

**味型 /** 鮮椒木香味　　**烹調技法 /** 滑、炒

　　美蛙一般指美國青蛙，又名河蛙、水蛙，原產於美國，1980 年代後期引進，其肉質細嫩而有彈性，味道鮮美，是上等的食用蛙。這裡將美蛙去骨取肉，以滑炒的方式，最大程度保留其肉質的細嫩感，搭配清鮮獨特的木薑風味，成菜爽口，口感多樣。

**原料：**

理淨美蛙 600 克，青二荊條辣椒顆 50 克，紅美人辣椒顆 50 克，大蔥顆 20 克，油酥花生 30 克

**調味料：**

精鹽 3 克，白糖 30 克，醋 30 克，雞蛋清 1 個，太白粉 10 克，料酒 10 克，太白粉水 10 克，清湯木香醬 60 克，熟香菜籽油 500 克

**做法：**

❶理淨美蛙去除骨頭，把蛙肉切成丁，加精鹽、料酒、雞蛋清和太白粉碼味上漿。

❷鍋內加菜籽油，開中大火燒至 4 成熱，放入蛙丁滑熟後撈出。

❸取一碗，放入糖、醋、太白粉水攪散成滋汁。

❹洗淨炒鍋，中火燒乾後加菜籽油 50 克燒至 5 成熱，放入青二荊條顆、紅美人辣椒顆和大蔥顆爆香，下清湯木香醬續炒至出香。

❺接著下入滑熟的蛙丁翻炒入味，調入滋汁略炒，最後加入油酥花生翻勻，即可起鍋。

**美味秘訣：**

❶油酥花生不宜過早下鍋，以免吸收汁水後失去酥脆口感。

❷許多人將美蛙與牛蛙搞混，以下簡單介紹其差異：以成蛙來說，美蛙重 400-600 克，牛蛙則有 800-1200 克，外觀的差異為美蛙的頭部偏尖，雙眼明顯凸出；牛蛙頭部寬扁而平，雙目只有微凸；其次是美蛙的皮膚光滑少疣，頭部綠色，均勻分佈點狀斑紋；牛蛙的皮膚粗糙，頭部綠褐色，體色灰黑。

洪州風情｜**茶園**｜在退耕還林後，洪雅地區 1000 米高度以上的茶園多改種回林木，少數的茶園與農村休閒經濟結合，轉型為生態茶園，產茶量不大，風味卻有些別致。

CREATIVE 070

# 鮮辣藤椒蛙腿

**特點 /** 口感脆中帶嫩，滋味鮮美

**味型 /** 藤椒鮮椒味　　**烹調技法 /** 醃、炸

　　油炸菜品外層要有酥脆口感多透過掛漿、拍粉後油炸的方式獲取，在麵包粉進入中菜食材市場後，菜肴的脆皮口感又多了一種，酥鬆、薄脆而香的新口感。此菜運用此一口感烘脫美蛙肉質的嫩中帶勁，藤椒醬的酸香微辣一來解油炸的膩感，二則提升肉的鮮甜感，透過澆汁的方式可避免炸好的蛙腿香酥感被過多的破壞。麵包粉也可自製，做法很簡單，將吐司麵包去皮、切片、恒溫乾製、均勻粉碎即成。也可用白饅頭作，只是饅頭本身不含油脂，口感稍微偏硬。

**原料：**

美蛙腿 10 根（約 200 克），小米辣椒 5 克，青美人辣椒 8 克，大蔥 10 克，老薑 10 克，芹菜 20 克，香菜 20 克，洋蔥碎 10 克，雞蛋 2 個，麵包粉 150 克

**調味料：**

精鹽 3 克，味精 2 克，料酒 10 克，胡椒粉 1 克，鮮湯 50 克，太白粉水 5 克，紅湯藤椒醬 60 克，熟香菜籽油適量（約 1500 克）

**做法：**

❶美蛙腿剞十字花刀；取一深盤，磕入雞蛋並攪勻，備用。

❷將小米辣椒、青美人辣椒、大蔥、老薑、芹菜和香菜一同納入 500 克清水中，調入精鹽、味精、料酒，用果汁機攪成香料汁倒入盆中，將美蛙腿浸入，醃製 60 分鐘。

❸淨鍋中倒入菜籽油，開中大火燒至 5 成熱後轉中火。把醃製入味的蛙腿取出，裹一層雞蛋液後沾一層麵包粉，下入熱油鍋中炸至金黃熟透，撈出瀝油、裝盤。

❹淨鍋放菜籽油 30 克，開中火燒至 5 成熱，放入洋蔥碎、紅湯藤椒醬、胡椒粉炒香，摻入鮮湯燒沸後用太白粉水勾薄芡，起鍋淋在盤中蛙腿上即可。

**美味秘訣：**

❶香料汁要現做現用，確保有足夠的鮮香滋味滲入到蛙腿中，產生吃鮮不見鮮的獨特味感。

❷成菜的淋醬也可不勾芡，直接小火收汁，味更醇厚。

洪州風情｜雅石｜洪雅地區產的紅棕紋或棕黑紋紅色底砂岩石材，因質地堅硬、色鮮、質細，是恒久性好的優質石材，廣泛用於橋樑建築、石刻，被譽為雅石。縣境內更有許多刻於雅石上的漢唐時期摩崖石刻、石碑或以雅石當建材的遺跡等都存留狀態良好。圖為雅石料及玉屏山中峰寺遺跡，遺跡只剩雅石構建的基礎，其上都成了茶園。

CREATIVE **071**

# 木香啤酒焗小龍蝦

**特點** / 麻辣味醇，酒香木香獨特，誘人食欲

**味型** / 麻辣木香味　　**烹調技法** / 燒

**原料：**

小龍蝦 1500 克，青美人辣椒節 150 克，洋蔥條 150 克，藕條 150 克

**調味料：**

紅湯木香醬 300 克，啤酒 1 瓶（約 600 毫升），青花椒 5 克，乾辣椒節 8 克，熟香菜籽油適量（約 1000 克）

**做法：**

❶小龍蝦刷洗乾淨，去除沙線。

❷鍋內加菜籽油，開中大火燒至 6 成熱，下入小龍蝦炸熟、炸香，撈出瀝油。

❸鍋內留油約 75 克，其餘的油倒至淨湯鍋中，留作他用；開中大火燒至 5 成熱，放入乾辣椒節和青花椒爆香，接著加入紅湯木香醬炒香。

❹倒入啤酒，放入炸香的小龍蝦，煮開後改用小火煨約 3 分鐘至入味。

❺放入青美人辣椒節、洋蔥條和藕條翻炒至斷生、入味，即可起鍋。

　　啤酒因使用啤酒花酵母發酵麥汁而成,而有獨特的麥香風味,加上酒精度數低,用於做菜時有去腥除異的效果且酒精易揮發,不影響成菜滋味又可增香,也成就流行許多年的名菜——「啤酒鴨」,成菜吃起來有奇香,肉質也較酥嫩!沒錯,啤酒中的活性物質還可起到類似嫩肉精的效果,用啤酒烹調肉類食材可說是一舉數得。只是啤酒本身帶有苦味,入菜的使用量以不會留下苦味為宜。

**美味秘訣:**

❶小龍蝦必須清理乾淨,避免腥異味過重。

❷小龍蝦不易入味,可用剪刀剪去頭並從背脊開一刀,便於入味,也更便於食用,但成菜較不美觀。

**雅自天成▼** 位於青衣江邊的羅壩古鎮名氣不大,生活風情特別濃。

CREATIVE 072

# 文蛤煮肉蟹

**特點** / 湯鮮肉嫩，海味突出而微辣

**味型** / 藤椒味　　**烹調技法** / 燒

　　結合兩種鮮甜味美的海味帶殼食材，令海鮮的滋味也能有豐富的層次。文蛤本身鮮甜，而肉蟹的蟹肉豐滿、爽滑鮮甜，蟹殼經油炸後更散發著豐富的香氣，以鮮香醇厚的清湯藤椒醬調味，十分完美的融合兩者的滋味。

**原料：**

肉蟹 500 克，文蛤 500 克

**調味料：**

清湯藤椒醬 1 袋（300 克），
雞油 50 克，清水 150 克

**做法：**

❶文蛤買回後放入清水中令
其吐沙。

❷肉蟹治淨，砍成小塊，下
入 6 成熱的油鍋中，中大火
炸熟、上色。

❸文蛤焯水，開口後用冷水
沖涼。

❹鍋裡加雞油，開中大火燒
至 5 成熱，放入清湯藤椒醬
炒香後摻入清水煮沸，隨後
放入肉蟹和文蛤，改小火煮
約 3 分鐘至入味即可。

**美味秘訣：**

❶文蛤務必令其吐沙吐淨，
避免成菜有沙影響食欲，也
減少腥味。

❷肉蟹的腥味多來自其外殼
夾帶的髒汙，需清理乾淨，
才會鮮美。

❸肉蟹和文蛤本身的鮮味濃
郁，用清湯藤椒醬調味就
可。使用雞油，成菜更香，
色澤也黃亮些。

洪州風情 **｜炳靈鄉｜** 若手中有 20 世紀的《洪雅縣地圖》，會在
縣城南偏西約 60 公里的位置，看到炳靈鄉的位置標示，再攤開
近幾年的新版地圖對照，卻發現炳靈鄉不見蹤跡。原因是本世
紀初築壩截斷炳靈河，建成瓦屋山水電站後形成海拔 1080 米，
水域面積 13.6 平方公里的高峽平湖——雅女湖所帶來的巨大變
化。2007 年電站落閘蓄水後，炳靈鄉從此長眠雅女湖底，成為
洪雅歷史上第一個因經濟建設而消失的場鎮。僅剩石碑標示著
曾經的「炳靈鄉」。

CREATIVE 073

# 清香麻仔鮑丁

**特點** / 色澤清爽，鮮香微辣，口感層次豐富

**味型** / 藤椒味　　**烹調技法** / 炒

　　鮑魚古稱鰒、鰒魚、海耳，俗名有九孔螺、鏡面魚、明目魚等等，此菜品選用新鮮的仔鮑魚，非乾鮑魚，其口感細膩且十分彈牙，海味清新而鮮爽，價格上較乾製鮑魚便宜許多，在保鮮技術及物流發達的今日已不是難以取得的食材。此菜品借鑒蝦鬆的作法，將食材全部切成小丁，以清爽微辣的清湯藤椒醬調味加上西餐的搭配、擺盤邏輯，令人耳目一新。

**原料：**

仔鮑魚 5 頭，熟麥粒 20 克，蘆筍丁 20 克，雅筍丁 20 克，青美人辣椒丁 10 克，紅美人辣椒丁 10 克，馬玲薯片 10 片

**調味料：**

精鹽 2 克，料酒 10 克，清湯藤椒醬 30 克，熟香菜籽油 30 克

**做法：**

❶仔鮑去殼、洗乾淨後切成小丁，加精鹽和料酒碼味約 3 分鐘。

❷鍋內加菜籽油，開中大火燒至 5 成熟，放入清湯藤椒醬炒香後下入仔鮑丁炒熟，然後放入雅筍丁、蘆筍丁、熟麥粒和青、紅美人辣椒丁一同翻炒入味即成餡料，起鍋。

❸舀適量餡料放在薯片上，擺盤即成。

**美味秘訣：**

❶薯片的香脆口感、仔鮑丁的彈牙、蔬菜丁的脆爽、熟麥粒的滑糯營造此菜品典雅的多層次口感。

❷薯片也可改搭配窩窩頭一起食用，成為鮮香爽口而飽足的食感。

**雅自天成▼** 三寶鎮的老街風情。

CREATIVE 074

# 椒香焗牛排

**特點** / 肉香濃郁，口感豐富，藤椒風味醇厚

**味型** / 藤椒味　　**烹調技法** / 焗

中餐近年來都在走融合道路，不問中西、不分派系，原料、調料、烹法、味型、裝盤、器皿等，只要是合適就借鑒到自己的菜肴中來。就此菜來說，取西式鐵板牛排裝盤的形式，調味用中式醃製方法，加上川式的清湯藤椒醬調味，成菜造型異國風情濃郁，吃在嘴裡卻完全不需擔心味蕾的適應問題。端上桌後才會發現飲食文化差異產生的有趣反差；在西方，這道菜是屬於一人獨享的主菜，在我們這裡則成為一桌子人分享的一口菜。

**原料：**

雪花牛排 200 克，西蘭花 50 克，雞蛋 1 個，洋蔥 20 克，大蔥節 20 克，老薑片 30 克

**調味料：**

精鹽 5 克，胡椒粉 1 克，料酒 10 克，太白粉水 5 克，清湯藤椒醬 30 克，熟香菜籽油 30 克

**做法：**

❶雪花牛排去除筋，切成兩片，加精鹽、胡椒粉、大蔥節、老薑片和料酒醃製 6 小時。

❷把西蘭花和洋蔥分別在開水鍋內焯熟，將洋蔥放盤底，西蘭花放盤邊。

❸平底鍋裡放菜籽油，開中大火燒至 6 成熱，放入醃好味的牛排，四面封口、煎成 7 分熟，起鍋放在盤中的洋蔥上面。再把雞蛋煎成一面黃，置於西蘭花旁。

❹炒鍋內加菜籽油，開中火燒至 5 成熱，放入清湯藤椒醬炒香，摻入少許鮮湯，燒開後勾薄芡，起鍋淋在盤中牛排上即可。

**美味秘訣：**

❶雪花牛排經醃製後，讓辛香料的味充分滲入到牛排中，滋味更多樣。❷盛器可選用牛排用鐵盤，裝菜前先以爐火燒至熱燙（約 250℃）後抹少許油再盛菜，一來保溫，二來透過鐵盤的高溫再次激香盛入的菜。❸使用燒燙的鐵盤時，雞蛋可直接磕入鐵盤中，利用鐵盤溫度煎熟，不須另外煎。

洪州風情｜中保鎮｜

洪雅縣中保場鎮成形於 300 多年前，鎮名來自北面天功山中有個小山包形如廟裡的吊鐘，附近又有一巨石，貌似銀元寶，百姓遂以「鐘寶」作地名，後諧音叫做「中保」，沿用至今。在今日中保場鎮西南 5 公里處的義恭壩，是晚唐高僧悟達國師的出生地。悟達俗姓陳，字後覺，法名知玄，生於唐憲宗元和四年（809 年），其父陳邈，傳說其母魏氏夢月入懷而生後覺。

## CREATIVE 075
# 藤椒橄欖油拌冰菜

**特點** / 碧綠晶瑩，口感嫩脆獨特，清香鮮麻
**味型** / 藤椒糖醋味　　**烹調技法** / 拌

　　水晶冰菜是近年的新興食材，其葉面和莖上有大量像水珠一樣的大型泡狀細胞，裡面充滿液體，晶瑩剔透猶如冰晶，因此得名「水晶冰菜」或「冰草」，主要分佈在非洲、西亞和歐洲。渾身附滿了「冰珠子」的水晶冰菜，摸起來硬實冰涼而脆，因其質地細嫩，水分含量極飽滿所致，主要涼拌食用，吃在嘴裡十分滋潤爽口，鮮甜中有淡淡的鹹味，口感、滋味都非常獨特。這裡以藤椒糖醋味的酸甜清香麻烘托冰菜的脆嫩滋潤，簡單卻回味無窮。

### 原料：
冰菜 250 克，蒜末 20 克，紅美人辣椒碎 3 克

### 調味料：
精鹽 1 克，醋 30 克，白糖 30 克，生抽 3 克，藤椒橄欖油 10 克

### 做法：
❶冰菜洗淨後去除老硬和老葉，裝好盤。❷將精鹽、醋、白糖、生抽、藤椒橄欖油、蒜末和紅美人辣椒碎下入碗中兌成小糖醋味，淋在盤中冰菜上即可。

### 美味秘訣：
❶冰草本身帶有鹹味，調味時注意鹽的用量。❷辣椒的使用目的是增色，並給菜品帶來微辣的口感變化，更加爽口。避免辣度過高，失去爽口感。

CREATIVE **076**

# 藤椒奶油汁配羅氏蝦

**特點** / 融合中西調味，奶香味濃郁，風味別致

**味型** / 藤椒奶油味　　**烹調技法** / 煎、淋

**原料：**

羅氏蝦 15 尾，鮮榨檸檬汁 25 克，青筍長片 15 片

**調味料：**

精鹽 10 克，白胡椒粉 5 克，白蘭地 100 克，鮮奶油 100 克，奶油 50 克，藤椒橄欖油 10 克

**做法：**

❶ 羅氏蝦開背治淨，加精鹽 7 克、白胡椒粉 2 克、白蘭地 30 克和檸檬汁 10 克醃製約 5 分鐘。

❷ 青筍長片入沸水鍋汆一水斷生後，晾涼備用。

❸ 取淨鍋，開中小火，加入白蘭地 70 克煮開，轉小火，加入鮮奶油、白胡椒粉 3 克、精鹽 3 克和檸檬汁 15 克再煮開後，加入藤椒橄欖油攪勻製成奶油汁，備用。

❹ 不沾鍋中加入奶油，開中小火燒至 5 成熱，放入羅氏蝦煎熟後擺盤。

❺ 將青筍長片擺入盤中，淋上奶油汁即成。

西餐中的醬汁常利用高油脂含量的味汁乳化或直接將油調味後乳化製作而成，透過淋或沾的方式食用熟製主料，因為乳化能讓各種味道更好的融合與附著於主食材。中餐這方面的工藝相對較少，其原因在於我們的工藝更多樣，不存在如何讓滋味附著或入到食材中的問題。今日東西餐交流頻繁，利用西餐工藝創造有新鮮感的中菜品是十分有市場價值的。像是藤椒與橄欖油的碰撞產生了「藤椒橄欖油」，可用於製作各式西餐醬汁或菜品烹調，讓西式菜肴有了清香麻的四川風味；也讓用了這調味油的中菜有了異國風情。

**美味秘訣：**

❶藤椒橄欖油僅用於調味，賦予淡淡的青香麻藤椒味，以烘托羅氏蝦香鮮味，不適宜大量使用，以免掩蓋了菜肴本味。

❷盤飾也可使用新鮮香草或花果，如迷迭香、百里香、蘿勒葉、薄荷葉、拇指胡蘿蔔、三色菫、小青檸、有機番茄、黑橄欖等等。

❸羅氏蝦又叫大頭蝦，因其頭部特別大，還有白腳蝦、馬來西亞大蝦、金錢蝦、萬氏對蝦等地方名。

**雅自天成▼** 峨嵋半山七里坪國際避暑度假區整體規劃建築覆蓋率不到12%，是中國旅遊景點中少有的高端低密度避暑度假區，負氧離子量特別高，是天然氧吧。

CREATIVE 077

# 藤椒橄欖油拌鮭魚

**特點 /** 顏色亮麗，脆滑交替，鹹鮮香麻
**味型 /** 藤椒味　　**烹調技法 /** 拌

近年各省都在推廣種植榨油用橄欖樹，讓原本依賴進口而價高的橄欖油開始變得親民，讓大眾可以多一種選擇。藤椒油的風味組成包含了菜籽油的獨特風味，運用相同邏輯改用橄欖油調製藤椒油，呈現出一種帶果香風格的清香麻，極具魅力。西餐在烹飪工藝上的不足促使廚師積極研究食材、尋找可能的搭配組合，在邏輯上與中餐有很大的不同，這道菜選用原產於西亞、地中海的荷蘭豆嫩莢，以其質脆鮮甜而清香的滋味襯托生鮭魚的嫩滑鮮甜，加入藤椒橄欖油增香去腥，同時帶來新奇的微麻口感。

**原料：**
生食級鮭魚肉 250 克，荷蘭豆 30 克，仔薑 8 克

**調味料：**
精鹽 3 克，味精 1 克，藤椒橄欖油 10 克

**做法：**
❶鮭魚肉除刺後切成絲；荷蘭豆去除筋，焯水後切成絲；仔薑洗淨後亦切成絲。
❷把鮭魚絲、荷蘭豆絲和仔薑絲納入盆中，加入精鹽、味精和藤椒橄欖油拌勻即可盛盤。

**美味秘訣：**
❶此菜品的鮭魚是生吃，因此要特別注意保鮮及衛生。
❷菜品完成後應儘快食用，避免魚肉不新鮮。

**雅自天成** ▲ 夜幕來臨之際，帶上迷幻之美的瓦屋山雅女湖。

CREATIVE **078**

# 藤椒低溫浸鮭魚

**特點 /** 鮮美細嫩，滋味別致，椒香果味獨特
**味型 /** 藤椒果香味　　**烹調技法 /** 真空低溫慢煮

　　此菜品是融合中西餐流行元素的菜品，結合川式調味及西餐的「真空低溫慢煮」工藝。利用此工藝烹調鮭魚，可以讓魚肉熟透，但不失鮮肉的橙紅色，因 62℃ 的相對低溫烹調令蛋白質基本不改變性質，與刺身或常規工藝烹熟的相比，在於奇妙的口感。此烹調法是法國三星廚師 Pierre Troisgors 70 年代初研究開發，1974 年正式發表「真空低溫慢煮法」。一開始只單純想找到可以減少烹調過程中鵝肝重量和水分流失的方法，後來成功的使鵝肝重量在烹調後只減少 5%，經過進一步的嘗試與研究後發現不同食物所需要的溫度和時間有所不同，因此多數肉類食材都能用低溫慢煮法成菜，現進一步找到慢煮蔬菜和水果理想溫度，應用範圍也變得更廣。

## 原料：

鮭魚 300 克，芒果 45 克，小香蔥葉 20 克，青美人辣椒 25 克，檸檬汁 12 克

## 調味料：

川鹽 4 克，味精 2 克，太白粉水 5 克，藤椒油 10 克，料酒 10 克

## 做法：

❶鮭魚洗淨後擦乾，切成一寸的方丁，用川鹽、藤椒油和料酒醃製 15 分鐘。

❷把醃製好的鮭魚裝入耐高溫的真空密封袋，盡可能排出空氣並封好後放入恒溫 62℃ 的水中浸煮 12 分鐘。

❸取一淨鍋，下入清水 20 克，燒開後勾入太白粉水成為芡汁，備用。

❹將川鹽、味精、小香蔥葉、青美人辣椒、藤椒油和檸檬汁放入果汁機打成醬汁，加入芡汁攪勻，即成味汁。

❺鮭魚裝好盤，用芒果點綴，最後淋上調好的味汁即可。

## 美味秘訣：

❶採真空低溫慢煮可批量製作，煮好的食物保持密封狀態並冷藏在 0-1℃ 的環境，成菜前再回溫，質地、風味一般可維持三天。

❷若批量製作味汁，應選用玉米粉勾芡汁，避免放涼後味汁變稀。

槽漁灘捕魚風情。

洪州風情 | **槽漁灘** | 青衣江由雅安草壩流入洪雅縣境，穿過 6 公里枃欏峽後形成一段河灘。因灘陡水急，億萬年來經水力侵蝕，將紅色沙岩河床沖刷成了道道深槽。春暖花開時節，成群雅魚沿河底深槽逆水沖灘產卵繁殖，河灘成為捕捉雅魚的最佳漁場，故而得名槽漁灘。

1990 年代初，青衣江開發水力資源，槽漁灘處攔河築壩修電站。圖為槽漁灘全景。

CREATIVE **079**

# 藤椒烤魚

**特點 /** 外皮香脆，肉質細嫩，香辣鮮美

**味型 /** 藤椒味　　**烹調技法 /** 煎、烤

**原料：**

鯉魚 1 條（約 1000 克），雅筍絲 200 克，洋蔥絲 100 克，魔芋片 100 克，馬鈴薯片 100 克，乾辣椒節 30 克

**調味料：**

精鹽 8 克，胡椒粉 3 克，料酒 15 克，太白粉 50 克，鮮湯 150 克，紅湯藤椒醬 300 克，熟香菜籽油 450 克

　　烤魚的做法頗多，最著名的要數萬州烤魚，近些年更是風靡大江南北，出現大量烤魚主題的連鎖餐廳。此處採用底味厚實、滋味豐富的紅湯藤椒大醬代替傳統繁雜的調味料和調味處理環節，讓烤魚的烹調更簡單，卻不減滋味。因為醬料中已飽含郫縣豆瓣、泡薑、泡蘿蔔、醃大頭菜、泡酸菜、泡豇豆、泡辣椒、泡小米椒、雞油、豬油等十餘種調輔料滋味。

## 做法：

❶鯉魚宰殺治淨，用精鹽 5 克、胡椒粉和料酒碼味去腥。

❷鍋內加菜籽油 300 克，開中大火燒；碼好味的鯉魚抹去醃料，拍上太白粉，放入 6 成熱油鍋中半煎炸至兩面金黃，移入烤箱中烤至全熟，取出裝在盤中。

❸另取淨鍋加菜籽油 50 克，開中火燒至 5 成熱，下入紅湯藤椒醬炒香，摻入鮮湯，加放雅筍絲、魔芋片、洋蔥絲和馬鈴薯片，煮熟後澆蓋在魚身上。

❹在淨鍋中加菜籽油 100 克，開中火燒至 5 成熱，加入乾辣椒節炸香淋在菜上即成。

## 美味秘訣：

❶鯉魚先煎至兩面金黃再烤製，能有效封鎖住魚肉內部的汁水和營養。

❷紅湯藤椒醬雖是熟製的醬，使用時還是要先炒香再做其他烹煮、調味動作，成菜的香氣才會豐厚。

洪雅縣城城南的南壇巷老建築群。

洪雅縣城清晨全景。

CREATIVE080
# 山胡椒焗肉蟹

**特點** / 色澤鮮豔，奇香開胃，佐酒佳餚

**味型** / 木香鮮辣味　　**烹調技法** / 焗

**原料：**

肉蟹 1000 克，茄子 200 克，蒜末 15 克，小米辣椒圈 10 克

**調味料：**

精鹽 8 克，太白粉 20 克，雞蛋黃 1 個，清湯木香醬 60 克，熟香菜籽油適量（約 1000 克）

**做法：**

❶肉蟹治淨後砍成小件，沾上太白粉 10 克，下入中火燒至 6 成熱的油鍋中炸成金黃色。

❷茄子去皮，改刀呈條。把精鹽、雞蛋黃和太白粉 10 克兌成漿，再放入茄子條均勻裹一層漿，放入熱油鍋中炸熟且呈金黃色，撈出放在深盤底。

❸鍋內加菜籽油 60 克，開中火燒至 5 成熱，放清湯木香醬和蒜末、小米辣椒圈炒香，下入炸好的蟹肉，用小火慢慢焗入味，起鍋放在盤中茄子上即可。

**美味秘訣：**

❶茄子去皮的目的是更易於裹上太白粉漿，因茄子皮很

　　木薑又名山胡椒，分佈地域相當廣，幾乎黃河以南都有，因風味的獨特又強烈，多單純當作藥材，形成食用習慣的地方相對少。實際上只要運用得當，其風味是相當迷人的。是一種濃縮了香茅加檸檬的氣味，直接吃會有類似薑的辛辣感。因此木薑的使用量少時，完全是吃那獨特香氣，剛開始接觸木薑類調味品時，可先少量使用，再慢慢增加至需要的濃度。此菜以肉蟹的鮮甜為主味，烹入清湯木香的鮮爽奇香，成菜滋味豐富、特色鮮明。輔料用茄子的軟甜作為口感、滋味變化，加上茄子會吸收湯汁，食用時能產生明顯的滿足感。

光滑，容易脫漿，去除後口感也較佳。

❷蛋黃漿色澤更黃，炸好後顏色較討喜，但黏性相對較弱。

❸處理肉蟹時，將蟹蓋完整保留並洗淨，下油鍋炸成紅色，可用於盤飾。

洪州風情 | **德元樓** | 德元樓極具特色的吊鍋火鍋宴，搭配篝火、表演節目，現代與原始交融，不只有味更有情。

CREATIVE 081

# 藤椒燒豆腐

**特點** / 色澤鮮豔，醇香味厚，下飯開胃

**味型** / 藤椒家常味　　**烹調技法** / 燒

**原料：**

老豆腐 500 克，豬梅花肉 50 克，蒜苗顆 15 克

**調味料：**

精鹽 5 克，太白粉水 10 克，鮮湯 100 克，紅湯藤椒醬 60 克，熟香菜籽油 30 克

**做法：**

❶豬梅花肉剁成肉末。老豆腐切成丁，放入加了精鹽的 1000 克熱水鍋內小火煮約 3 分鐘，撈出瀝水。

❷鍋內加菜籽油，開中火燒至 5 成熱，下入肉末煵炒至酥香。

❸接著下紅湯藤椒醬炒香，摻入鮮湯、放入豆腐，燒開後轉用小火慢燒約 5 分鐘至入味。

❹臨起鍋前用太白粉水勾濃芡，撒上蒜苗顆即可。

**美味秘訣：**

❶豆腐焯水的目的一為去除鹵水味；二是讓豆腐適度脫水，避免脫芡；三是正式烹調前的預熱，因此焯水後儘快燒製效果較好。

❷豆腐不易掛上芡汁，可借鑒麻婆豆腐勾三次芡的方法，分次讓芡變濃。

　　豆腐發源自中華，是一傳統且大眾化的豆製食品，在許多古籍中都有記載，是食養兼備的食品，今日營養學也確認豆腐為鹼性食物，有助於改善體質，早在五代時就被美名為「小宰羊」，認為豆腐的美味及食養價值可與羊肉相提並論。傳承至今日，豆腐菜肴之美、之多不勝枚舉，比如麻婆豆腐、家常豆腐、紅燒豆腐等等，甚至有豆腐宴。此菜在麻婆豆腐的風味上進行了改良，使用複合調料紅湯藤椒大醬替代豆瓣的使用，非常方便，成菜一樣鮮、香、酥、嫩、燙。

**洪州風情｜菜籽油｜**四川有偏好食用菜籽油的傳統，油菜種植遍及全川。籽分黃菜籽和黑菜籽，黃菜籽油比黑菜籽油黃亮些，香些，但產量低一些，出油量也低一些。圖為已廢棄的老榨油坊及農村每到春末收採籽、打菜籽的風情。

CREATIVE**082**

# 冰鎮藤椒娃娃菜

**特點 /** 造型清新，酸甜麻辣而香，冰脆爽口

**味型 /** 藤椒糖醋味　　**烹調技法 /** 淋

娃娃菜為大白菜的一種，屬於高冷地區的蔬菜新品種，冬天不下雪的地方就只能種在高山。早期要類似型態的白菜就只能把一顆大白菜剝到只剩白菜心才入菜。現今娃娃菜價格遠高於大白菜，因此就有人將大白菜心當娃娃菜賣，然其本質是有差異的！娃娃菜的葉子嫩黃，手感結實，幫薄脆嫩，鮮甜味美，外形頭尾寬度基本一樣。而白菜心則是葉子黃中帶白，手感鬆鬆垮垮的，水分多軟，葉子、葉脈較寬大，能看到粗壯的根部。

**原料：**

高山娃娃菜 150 克，蒜米 20 克

**調味料：**

糖 30 克，醋 30 克，生抽 2 克，煳辣油 25 克，辣鮮露 2 克，涼開水 1000 克，冰塊適量，味達美醬油 2 克，藤椒油 5 克

**做法：**

❶將娃娃菜去老皮，泡入放有冰塊的涼開水中浸泡。❷將蒜米、煳辣油、糖、醋、生抽、辣鮮露、味達美醬油、藤椒油調入碗中攪勻成味汁。❸撈出冰開水中的娃娃菜擺入盛器，將味汁淋於娃娃菜上即成。

**美味秘訣：**

❶娃娃菜越新鮮越好，口感更脆爽，滋味也較鮮甜。❷掌握好煳辣油的製作工藝，是藤椒油外另一香氣的來源。

**雅自天成▼** 冬季的洪雅農村，蕭瑟中仍有著多彩的驚喜。

此菜品為絕佳的下酒菜，一來是香辣酥脆的口味，二來是食用方便，食材用竹籤串起，省去拿筷夾取的動作，聚會聊天更盡興。選擇帶殼鮮蝦做此道菜的目的就是要利用蝦殼炸酥後的濃濃酥香味，加上藤椒味濃、爽口香辣的澆料，滋味層次豐富。此外蝦殼酥脆口感與蝦肉的鮮甜帶勁產生對比，食感粗獷中不失細緻。

**洪州風情｜抬工號子｜**山多的洪雅，早期的路狹窄彎道多，又崎嶇不平，交通十分不便，運輸全靠肩挑背磨，遇重物靠一人無法搬移，就產生多人合作、通過工具將所抬物體的重量均勻分散到每個人肩上。從 2 人發展到多人，乃至 128 人的隊形，所抬之物最重可達 2 噸，為協調步伐，統一行動，就結合民間歌謠喊號子，形成獨具特色的抬工號子。

洪雅地區現今的山區及道路。

### CREATIVE 083
# 藤椒串串蝦

**特點 /** 色澤鮮明，香辣酥脆，藤椒味濃，食用方便
**味型 /** 藤椒香辣味　　**烹調技法 /** 炸、炒

**原料：**

帶殼鮮蝦 250 克，薑米 10 克，蒜米 5 克，青美人辣椒粒 5 克，紅美人辣椒粒 5 克

**調味料：**

精鹽 6 克，味精 3 克，白糖 2 克，料酒 10 克，藤椒油 10 克，熟香菜籽油 10 克，竹籤約 12 枝，沙拉油適量（約 1200 克）

**做法：**

❶鮮蝦洗淨瀝乾，用精鹽 3 克、料酒醃製 5 分鐘。❷將醃製好的鮮蝦用竹籤串好，備用。❸取淨鍋下入沙拉油，開大火燒至 5 成熱，轉中小火，下串好的鮮蝦慢炸至熟且外殼酥脆後起鍋瀝油，擺入盤中。❹另取一淨鍋，開中火加熱後下入菜籽油燒至 5 成熱，放入薑、蒜米和青、紅美人辣椒粒炒香。❺接著調入精鹽 3 克、味精、白糖、藤椒油炒勻，出鍋後澆蓋在盤中炸好的蝦上即成。

**美味秘訣：**

❶蝦子不限品種，但要選擇相對較小的，大約每尾 20 克左右，蝦殼才容易炸至酥脆。❷藤椒油最後再下，避免過度加熱使得香氣減少。

CREATIVE 084

# 能喝湯的烤魚

**特點 /** 清鮮厚重並存，口味新穎，鮮美細嫩，醇厚微辣

**味型 /** 藤椒味　　　**烹調技法 /** 烤、煮

## 原料：

清波魚 1 條（約 1000 克），洋蔥塊 200 克，青瓜塊 300 克，大蔥段 30 克，老薑片 20 克，蘿蔔丁 30 克，青美人辣椒粒 30 克，小米辣椒粒 30 克

## 調味料：

食鹽 4 克，胡椒粉 2 克，料酒 15 克，清湯藤椒醬 300 克，鮮湯 500 克，太白粉 35 克，沙拉油適量（約 1500-2000 克）

## 做法：

❶清波魚宰殺治淨後，用食鹽、胡椒粉、料酒、大蔥段、老薑片醃製 10 分鐘。

❷取一淨鍋，下入沙拉油，大火燒至 5 成熱後轉中火。

❸把醃製好的魚抹去醃料，裹上太白粉，下入熱油鍋中炸熟且色澤金黃。

❹鍋內留油約 50 克，其餘的油倒至淨湯鍋中，留作他用；開中大火燒至 6 成熱，下入洋蔥塊、青瓜片炒至斷生後鋪墊在盤底，放上炸好的清波魚。

❺另取一淨鍋，下入鮮湯及藤椒清湯醬、蘿蔔丁、青美

常見的烤魚多是澆汁味道厚重，油多汁少，吃完魚、料後雖可加湯燒開再煮些蔬菜等，但多數因還有其他菜品而選擇不再加工，十分可惜！這裡巧用清湯藤椒大醬，適當加大鮮湯的用量並增加烤魚的底味，讓澆汁只重點彌補烤魚所欠缺的鮮香、酸香、麻辣的滋味，這樣就能一次成菜，一菜兩吃。

人辣椒粒、小米辣椒粒，以中火煮開後淋在魚上即成。

**美味秘訣：**

❶魚的底味要碼足，成菜後才不會滋味全在表面，感覺寡淡，欠缺融合感。

❷淋在魚上的湯汁避免過度調味，要讓兩者的鹽味差不多，而滋味香氣產生互補，湯汁才能真正當作湯來喝。

**雅自天成▼** 洪雅處處都有茶園，然而多數生態茶園都隱身在低山深處，唯有大膽深入才能一窺隱藏版美景。

CREATIVE 085

# 滋味雅筍燜豬尾

**特點** / 筍子脆嫩、豬尾炪糯，清香微辣而醇

**味型** / 藤椒家常味　　**烹調技法** / 燜

**原料：**

豬尾 2 根（約 1000 克），清水雅筍 300 克，薑片 50 克，蔥段 50 克，薑末 6 克，蒜末 6 克，青美人辣椒 10 克，紅美人辣椒 20 克，冰鮮青花椒 10 克

**調味料：**

精鹽 10 克，味精 8 克，豆瓣醬 8 克，泡椒醬 6 克，紅曲米 2 克，八角 3 顆，乾辣椒 6 克，紅花椒 2 克，花雕酒 100 克，熟香菜籽油 80 克，藤椒油 20 克

**做法：**

❶ 清水雅筍入沸水鍋中焯水，備用。

❷ 豬尾治淨，放入加了紅曲米、薑片、蔥段、乾辣椒、紅花椒、八角、花雕酒、精鹽 7 克和 1000 克水的湯鍋內，以中火煮開後轉中小火煨煮約 5 分鐘，使其熟透並上色、入味。

❸ 撈出煮好的豬尾，晾涼後改刀成小段，備用。

❹ 鍋內加熟香菜籽油 60 克，開中火燒至 5 成熱，下薑末、蒜末、豆瓣醬和泡椒醬炒香，摻清水 1200 克燒開，

　　洪雅縣的山好、水好，自然物產亦好。洪雅竹筍「雅筍」一名由來已久，其品質和口感較其他地方竹筍產品更嫩、更香、更鮮甜，在四川市場十分受寵，一度也是洪雅人饋贈親朋好友的標誌性地方土特產。「清水雅筍」於 2017 年被認證為有機產品。此菜以雅筍的鮮香脆爽緩和豬尾的軟和滯膩感，加上藤椒家常味的清香微辣與醇厚滋味，讓人回味無窮。

轉中小火熬約 10 分鐘，打去料渣即成紅湯。

❺取一適當湯鍋摻入紅湯，放入焯好水的清水雅筍和煨熟的豬尾，大火燒開，調入精鹽 3 克、味精，改用中小火加蓋燜 10 分鐘，出鍋裝盤。

❻取淨鍋下熟香菜籽油 20 克，開中火燒至 5 成熱，將青、紅美人辣椒和冰鮮青花椒炒香，調入藤椒油推勻，起鍋淋入盤中雅筍、豬尾上即成。

**美味秘訣：**

❶此類型菜式批量製作時，可提前熬製紅湯，也可在此基礎上加火鍋底料和其他香料，形成更多層次的複合味。

❷除清水雅筍，也可使用其他乾貨、時蔬作為此菜的輔料，如香菇、黃花菜、茶樹菇、蘿蔔、青筍、鮮筍等。

**雅自天成** ▶ 過了柳江，開始進入山區，一路上多是竹林，有些地方連綿成片猶如「竹海」。

北京

# 大鴨梨烤鴨連鎖

吃烤鴨去哪裏，當然要去大鴨梨

成立於 1997 年，秉承「誠實信用，求變創新，廣納人才，服務大眾」之理念，在京城餐飲業中迅速崛起。大鴨梨烤鴨店擁有直營門店 60 餘家，以北京為核心，遍佈瀋陽、內蒙、鄭州、南寧等體驗城市，2012 年大鴨梨走出國門，開拓加拿大市場，未來將計畫進入美國市場，實現品牌國際化。

**推薦菜品：**

❶金牌烤鴨 ❷宮爆蝦球 ❸乾炸丸子 ❹香菜拌牛肉 ❺蔥燒海參

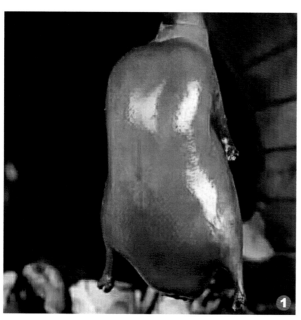

**體驗資訊：**

地址：北京市海澱區恩濟莊東街 18 號院

訂餐電話：010- 88136475

人均消費：100 元人民幣

付款方式：√現金 √微信 √支付寶 √銀聯

座位數：大廳約 180 位，各式包廂 10 間

停車資訊：√周邊私人收費停車位

北京

# 北京唐拉雅秀酒店
# 唐苑中餐廳

藝術般的潮粵膳，輔以四海珍饈

北京唐拉雅秀酒店擁有融匯中國傳統文化和現代建築科技的
豪華客房和套房，提供舒心怡情的住宿體驗。酒店共有 6 個
彙聚中西美食的餐廳和酒吧，潮流的日式料理，精雕細琢的
中餐粵菜及專業奉茶師的頂級服務，讓您享受中式餐飲之珍
品。

**推薦菜品：**

❶藤椒茄子 ❷藤椒小炒黃牛肉 ❸藤椒筍殼魚 ❹深井燒鵝 ❺避風塘海蝦

**體驗資訊：**

地址：北京市西城區復興門外大街 19 號

訂餐電話：010- 58576616

人均消費：400 元人民幣

付款方式：√現金 √微信 √支付寶 √銀聯 √ VISA √ MASTER

座位數：大廳約 60 位，各式包廂 20 間

停車資訊：√周邊私人收費停車位

藤 椒 風 味 體 驗 餐 廳

湖北‧武漢

# 三五醇酒店

金碧輝煌的包房及商務宴請，朋友聚會的一個舒適環境

創於 1992 年，以粵菜，川菜，湘菜，湖北地方特色菜為經營專案，多年來一直都是武漢市大眾餐飲消費的窗口。餐飲設施現代化，2001 年更將企業升級為歐洲花園酒店，目前歐式建築風格、觀景大花園已成為三五醇的代表。主要經營大型宴會，商務 KTV 包房，中餐，晚茶宵夜，婚禮會議主持佈置等。

**推薦菜品：**

❶藤椒肉蟹 ❷藤椒洪湖野鴨 ❸藤椒芋兒甲魚 ❹藤椒牛百葉 ❺藤椒剝皮魚

**體驗資訊：**

地址：湖北省武漢市江漢區新華下路 245 號

訂餐電話：027-85779835

人均消費：62 元人民幣

付款方式：√現金 √微信 √支付寶 √銀聯

座位數：大廳約 400 位，各式包廂 37 間

停車資訊：√自有停車位約 60 個

湖北 · 武漢

# 湖錦酒樓

有諸內，行諸外，唯有內外兼精，方能實至名歸

湖錦酒樓全稱武漢湖錦酒樓管理有限公司，是一餐飲連鎖企業，位列全國餐飲企業百強，成立於上世紀九十年代初，享有「鄂菜十大名店」和「中華餐飲名店」榮譽稱號，彙聚各菜系精華，經典傳承與時尚創新兼備，為武漢市品嘗湖北特色、商務宴請之首選。

**推薦菜品：**

❶藤椒油拌海葵 ❷藤椒粑泥鰍 ❸藤椒魚泡牛肉 ❹藤椒手撕黃牛肉 ❺藤椒龍利魚柳

**體驗資訊：**

地址：湖北省武漢市武昌區八一路 105 號

訂餐電話：027-87278822

人均消費：93 元人民幣

付款方式：√現金 √微信 √支付寶 √銀聯

座位數：大廳約 120 位，各式包廂 40 間

停車資訊：√自有停車位約 30 個

藤 椒 風 味 體 驗 餐 廳

廣東 · 廣州

# 太二老壇子酸菜魚（連鎖）

專注一條魚

太二酸菜魚是九毛九旗下年輕子品牌，主打老壇子酸菜魚。為了給顧客提供最好吃的酸菜，太二餐廳的酸菜制定了一個標準，時間醃足將近一個月，還原重慶當地地窖特徵，並選天然的好泉水製作鹽水，這樣的酸菜口感脆爽、酸味達標，且帶有乳酸味。而魚肉，則採用手打的鱸魚片，並且厚度精准至 2mm，以確保肉質彈韌爽滑。

**推薦菜品：**

❶寂寞的村菇 ❷正經的雞被撕 ❸藤椒香嘴蘆筍 ❹椒王酸菜鱔絲 ❺藤椒多寶魚

**體驗資訊：**

地址：廣州市海珠區新港中路 354 號

訂餐電話：15963101387

人均消費：70-90 元人民幣

付款方式：√現金 √微信 √支付寶 √銀聯

座位數：大廳約 60 位

停車資訊：√周邊公共停車位 √周邊私人收費停車位

廣東 · 廣州

# 生煎先生餐飲有限公司（連鎖）

經典麵食主義

創立於 2014 年，興盛於 2015 年，在廣州市分店已逾 10 家以上，主要以上海百年老味道生煎包和重慶小麵為主打產品，秉承「經典麵食主義」產品理念，致力打造傳統工藝手工現做的經典麵食，產品深受廣大顧客喜歡！公司業績蒸蒸日上！

**推薦菜品：**

❶藤椒草原肚 ❷椒麻雞 ❸椒麻汁秋葵 ❹酥肉藤椒燉粉條

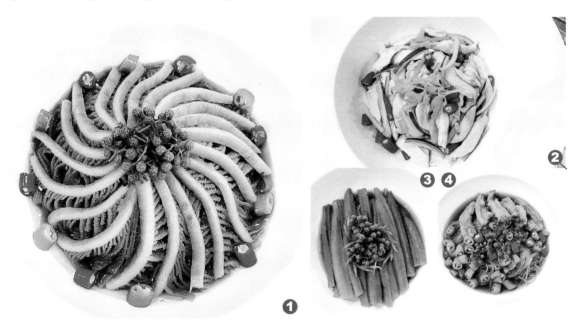

**體驗資訊：**

地址：廣州市天河區天河路 383 號太古匯 B1

訂餐電話：無

人均消費：40-50 元人民幣

付款方式：√現金 √微信 √支付寶 √銀聯

座位數：大廳約 40 位

停車資訊：√周邊公共停車位 √周邊私人收費停車位

Zanthoxylum
armatum

第七篇

融合混搭

生妙味

# MIXING

　　透過菜系之間的食材、調料、搭配的交流、融合、混搭出的創新持續在市場中流行著，也是當前諸多餐館酒樓推出新菜品的主要手段，其優勢在效率、推廣、接受度幾方面。然而創新風潮在市場運作之下將成為流行週期的一部份，這週期簡單來說就是復古（傳統）→創新→復古（傳統）→創新，至於多久循環一次，端看現代市場行銷玩得多凶。

　　就改革開放後 40 年來看，已經走過市場的復古（傳統）到創新的路程，近 3 年開始有一股明顯的趨勢開始往復古（傳統）的方向走。復古並非將傳統菜肴風味、形式照搬照抄，而是在形式、工藝創新中承襲經典菜或老菜的魂。

　　此篇菜品多來自交流、混搭後的創意，每道菜都有其創意點與趣味點，有些是廚師與食客之間的「玩味」遊戲！通過巧妙運用相信可以做出令人難忘的菜品滋味。

MIXING **086**

# 雅筍燒牛肉

**特點 /** 牛肉炟糯，椒香豐富，家常味濃

**味型 /** 藤椒家常味　　**烹調技法 /** 煮、燒

**原料：**

牛腩肉 300 克，清水雅筍 150 克，青尖椒節 10 克，紅尖椒節 10 克，蘆筍 20 克，鮮藤椒 8 克

**調味料：**

鹽 4 克，生抽 3 克，藤椒油 6 克，熟香菜籽油 40 克

**做法：**

❶牛腩肉洗淨，入沸水鍋中汆去血水。

❷高壓鍋中放入清水 750 克、鹽、生抽，再放入汆過的牛腩肉，蓋好鍋蓋，中大火燒開再轉中小火壓煮 15 分鐘。

❸雅筍、蘆筍切成 5 公分長的節汆水、斷生後撈入涼開水中漂涼，備用。

❹確認壓力鍋完全泄壓後，開蓋，撈出牛腩肉切成小塊。

❺鍋內放入熟香菜籽油，開中火燒至 4 成熱，下青、紅尖椒節、鮮藤椒炒香，下牛腩塊、雅筍節及煮牛腩的湯汁煮開後，轉中小火燒約 3 分鐘至入味，起鍋前淋入藤椒油即可盛入盤中，擺上熟蘆筍即成。

　　雅筍本身的煙香味十分適合燒葷菜，能為菜肴增添一分有深度而獨特的韻味。就像人們都愛吃燒烤一樣，若從理性分析來說就是煙味加上焦味，但從感性來說，這樣的味道代表一種潛意識中的原始情感、幸福感。與燒菜的豐厚、濃郁、融合而令人滿足的滋味特色有呼應之處，並額外帶來口感變化。

**美味秘訣：**

❶使用壓力鍋煮肉時，避免煮得過軟，影響後續的燒製效果。

❷菜燒好起鍋前，可撈出色、形不佳的青、紅尖椒節，下入新鮮青、紅尖椒節，成菜色澤更佳。

**雅自天成**▲ 洪雅山地多，擁有豐富的梯田景觀，柳江古鎮的景觀開發也融入這一特色。

MIXING **087**

# 藤椒豬肋排

**特點 /** 質地適口，味感豐富

**味型 /** 藤椒五香味　　**烹調技法 /** 鹵

**原料：**

豬排骨 1500 克，老薑 150 克，大蔥 50 克，小米辣椒 30 克，香料包（紅曲米 15 克，八角 9 克，山奈 9 克，小茴香 20 克，桂皮 5 克，千里香 2.5 克，白扣 4 克，白芷 25 克，甘草 5 克，月桂葉 4 克，靈草 2 克，丁香 0.5 克，乾藿香 2 克，全部裝入紗布袋中）

**調味料：**

食鹽 8 克，雞精 6 克，清水 2500 克，清湯藤椒醬 600 克（2 袋），藤椒油 50 克

**做法：**

❶湯鍋下入清水 2500 克、食鹽、雞精、清湯藤椒醬、老薑（拍破）、大蔥（挽結）、小米辣椒（對切）和香料包調成鹵水，開大火燒沸後轉中小火續煮 15 分鐘即成鹵水。

❷炒鍋中下入清水 2000 克大火燒開後轉中大火，排骨斬成 6 公分的節，下入沸水焯水後沖洗乾淨。

❸將焯水洗淨的排骨放入鹵水鍋中，燒開後轉小火滷製 40 分鐘即可撈起，刷上藤椒油，裝盤即成。

　　滷汁使用的次數愈多、時間愈長，所含的可溶性蛋白質等滋味成分愈多，因此滋味愈美，然而這較適合高頻率製作滷貨的廚房！對於今日菜品多樣且更換頻率高的多數餐館酒樓，就有些困擾。這裡有一個創新邏輯，即運用複合味藤椒醬料讓滷汁瞬間擁有極為豐厚、複雜的複合味，成菜滋味獨特且豐厚，讓菜單規劃更有彈性。

**美味秘訣:**

❶滷製排骨時火一定要小，採用浸泡的方式使之入味。如果加熱時間過長，容易導致骨肉分離。

❷滷汁可適度重複使用，但應注意以下事項：**a.** 撇除浮油、浮沫，並經常過濾去渣。**b.** 夏秋季每天早晚各燒沸滅菌 1 次，春冬季可每日或隔日燒沸滅菌 1 次，避免滷水餿掉。**c.** 香料袋每滷過 2 次就應更換，其他調味料及水則應每滷一次原料即添加一次。

**洪州風情｜九大碗｜** 傳統田席九大碗的大廚都擁有拿手絕活，各個都技藝高超且有極佳的應變能力，可說是餐飲江湖的隱世高手。

MIXING *088*

# 藤椒長生果拌雞

**特點 /** 色澤清爽，肉香彈牙，酸香爽口

**味型 /** 藤椒酸辣味　　**烹調技法 /** 煮、拌

　　長生果是花生的美稱，又有「素中葷」、「植物肉」的美譽，更是最物美價廉的堅果類食材。此菜選用新鮮的花生作為輔料，取其脆爽鮮甜，與雞肉一起吃具有絕佳的提味效果。作為涼菜多是開胃角色，因此調味上以藤椒油的清香麻加上醋、辣椒、糖的酸香鮮辣，調出爽口清香的滋味。

**原料:**

雞腿 300 克,去皮生花生米 50 克,蒜頭 10 克,青美人辣椒圈 5 克,紅美人辣椒圈 5 克

**調味料:**

精鹽 4 克,醋 50 克,糖 8 克,青尖椒籽油 40 克,藤椒油 5 克

**做法:**

❶ 雞腿洗淨,下入冷水鍋開中火煮開,轉小火煮約 10 分鐘,撈出晾冷。

❷ 將熟雞腿去骨取肉切成丁,蒜頭剁成茸,納入盆中。

❸ 取一碗加入精鹽、醋、糖攪化後倒入盆中,調入青尖椒籽油、藤椒油、去皮生花生米和青、紅美人辣椒圈拌勻,即可裝盤。

**美味秘訣:**

❶ 應選用跑山雞的雞腿肉,肉質緊實適合涼拌,且彈牙口感、肉鮮香甜與花生的酥香脆讓口感滋味更有變化。

❷ 煮雞腿時可加幾片薑片與幾段蔥,進一步增香。

**洪州風情 | 洪雅羊肉湯** | 洪雅早期農林業勞動人口多,早餐要吃得飽且認為羊肉滋補而催生早上賣「碗碗羊肉」的店鋪,據說吃一碗可以頂二餐,形成今日清燉羊肉當早餐的食俗。燉得軟嫩的羊肉,蘸上小米辣椒、香菜、豆腐乳的蘸碟,十分對味,再喝一口原湯,極度鮮爽。洪雅城區內有許多經營三代以上的老店,到了晚上改為「羊肉鍋」形式,並提供各式羊肉或羊雜的菜肴。

MIXING 089

# 椒香牛排骨

**特點** / 醇厚爽口，椒香味濃，回口麻辣

**味型** / 藤椒麻辣味　　**烹調技法** / 煮、燒

**原料:**

牛排骨 300 克，麵條 100 克，老薑 10 克，大蔥 5 克，仔薑丁 5 克，蒜頭丁 5 克，洋蔥丁 6 克，小米辣椒丁 8 克，青二荊條辣椒丁 6 克，泡紅辣椒顆 20 克

**調味料:**

精鹽 4 克，味精 2 克，雞精 3 克，料酒 10 克，清水 300 克，山奈 1 克，胡椒粉 1 克，八角 1 克，豆瓣 20 克，熟香菜籽油 50 克，藤椒油 8 克

**做法:**

❶牛排骨砍成 2 吋長節子，入沸水鍋氽一下，去除血水。

❷把牛排骨放入高壓鍋，加入清水、精鹽、味精、雞精、老薑、大蒜、大蔥、山奈、胡椒粉、八角、料酒，蓋好鍋蓋，中大火燒開上氣後，轉中小火壓煮 30 分鐘。關火，充分泄壓後打開鍋蓋撈去香料。

❸取一湯鍋，放入適量的水，中大火煮沸，下入麵條，煮至 8 分熟，撈起後墊於盤底。

❹鍋內放菜籽油，開中火燒至 5 成熱，下仔薑丁、蒜頭丁、洋蔥丁、小米辣椒丁、青二荊條辣椒丁炒香，再加入豆瓣和泡紅辣椒顆炒香。

❺將壓力鍋中壓煮好的牛排骨連湯一起下入鍋內燒約 3 分鐘至入味，轉中大火收汁後加入藤椒油推勻，起鍋盛入盤中的麵條上即可。

雖然牛排骨肉較少，但成菜後的滋糯鮮甜卻是多數人的想念，此菜做成椒香麻辣口味更是誘人！但真要排骨肉吃到過癮，在花費上就有些不切實際，為充分滿足想過把癮的食欲，選用麵條墊底，讓麵條充分吸收牛排骨的湯汁，會發現麵條滋味完全不輸牛排骨。

**美味秘訣：**

❶若是沒有壓力鍋，可以改用小火慢煮牛排骨，水量改為 600 克，煮約 1.5 小時。

❷麵條避免太早煮，以免撈起後涼掉或黏在一起。麵條煮至 8 成熟即可撈起，成菜後麵條才筋道。

❸注意壓力鍋的使用安全，務必確認壓力閥沒有堵塞，蓋好鍋蓋後開始煮。煮好關火後務必等充分洩壓才打開鍋蓋。

**雅自天成**▲ 桫欏樹是唯一的木本蕨類植物，極其珍貴，有「活化石」之稱。圖為洪雅桫欏峽景區的桫欏樹。

MIXING 090

# 藤椒蝴蝶魚卷

**特點 /** 色澤清爽，酸香多滋，清香微麻

**味型 /** 藤椒酸辣味　　**烹調技法 /** 蒸、淋

**原料：**

雅魚 3 條（約 2000 克），胡蘿蔔 50 克，芹菜 30 克，金針菇 30 克，蒜頭丁 5 克，小米辣椒丁 5 克，青二荊條辣椒丁 5 克，青蔥葉 12 葉

**調味料：**

精鹽 4 克，味精 2 克，雞精 3 克，白糖 3 克，醋 12 克，鮮湯 10 克，冰鮮青花椒 5 克，藤椒油 10 克

**做法：**

❶雅魚去鱗片、理淨，取下兩側魚肉，剖成大長片納入盆中，調入精鹽 2 克，碼勻入味。魚頭魚尾各取一只，置於長盤兩端，備用。

❷胡蘿蔔、芹菜、金針菇改刀成長約 7 公分的絲。青蔥葉入沸水鍋燙軟，備用。

❸取一魚片，包捲入適量的胡蘿蔔、芹菜、金針菇絲成魚卷，用熟軟青蔥葉綁起，置於長盤。將魚卷一一完成擺入盤中。

❹將魚卷盤放入蒸籠，大火蒸約 10 分鐘至熟。

❺鍋中下入藤椒油，開中火燒至 5 成熱轉中小火，下入精鹽 2 克、味精、雞精、白

在洪雅、雅安一帶，魚類學中的重口裂腹魚和齊口裂腹魚都被稱之為雅魚，主要生活在緩流的沱中，習慣潛伏在河流的深坑或水下岩洞中，又有「丙穴魚」之稱，兩者外型與食用滋味都十分相似，肉質鮮美，富含脂肪。做成魚卷後蒸製淋汁最能品嘗雅魚的鮮腴。

糖、蒜頭丁、小米辣椒丁、青二荊條辣椒丁、醋炒香。最後放入鮮湯、冰鮮青花椒略拌起鍋，淋於蒸好的魚卷上，即成。

**美味秘訣：**

❶選用洪雅地方的肥美雅魚，成菜更加鮮美。

❷蒸魚卷應等蒸籠蒸氣沖出後才送入蒸籠並開始計算時間，蒸出來的滋味、口感較佳。

❸讓魚肉碼上底味，成菜滋味更加融合。

洪州風情｜**高廟古鎮**｜高廟古鎮位於花溪的源頭，在鎮下方的溪床上有清光緒年間刻在天然岩盤的「花溪源」三個大字。圖為「花溪源」石刻及周邊河谷景觀。

MIXING **091**

# 藤椒鮮鵝胗

**特點 /** 口感脆爽，酸辣鮮香

**味型 /** 藤椒酸辣味　　**烹調技法 /** 煮、拌

多數禽類的內臟下水類食材都十分有趣，煮得剛好，口感極脆，一過火就老，再煮就發綿。烹飪有趣之處也在此，變化在須臾之間，同樣的料，前處理、刀工、工藝、火候、比例等稍有一點不同，產生的味感就不同。可以說追求恰如其分、盡善盡美的烹調、滋味、造型的過程就是一種藝術。

## 原料:

鮮鵝胗 500 克，老薑片 3 片，青蔥長節 50 克，蒜頭碎 5 克，青二荊條辣椒碎 8 克，紅二荊條辣椒碎 8 克

## 調味料:

精鹽 3 克，味精 3 克，雞精 3 克，白糖 4 克，醋 10 克，藤椒油 10 克，香油 5 克

## 做法:

❶鮮鵝胗剝去內部黃皮後充分洗淨，剞菊花刀後改刀成塊，納入盆中加精鹽 2 克，碼勻靜置約 7 分鐘至入味。

❷青蔥長節擺入盤中，碼齊。碼入味的鵝胗下入煮有老薑片的沸水鍋中煮熟，瀝水後放入盆中。

❸調入精鹽 1 克、味精、雞精、白糖、醋、蒜頭碎和青、紅二荊條辣椒碎拌勻，再下藤椒油、香油拌勻後盛入盤中的青蔥上。

## 美味秘訣:

❶鮮鵝胗清洗時，可先用適量的鹽及料酒充分搓揉後再沖洗乾淨，可進一步去除腥味。❷煮鵝胗時，控制好煮的時間，剛熟透的口感較佳，脆中帶勁。煮久了口感綿實沒勁。❸可將紅二荊條辣椒換成小米椒辣，鮮辣味更突出。小米椒辣用量要適度減少，避免變成燥辣、酷辣。

**雅自天成 ▼** 洪雅縣政府位於洪川鎮。圖為早晨街道風情。

經典的紅油味香辣微甜，這一微甜感是紅油味醇厚與回味悠長的關鍵，卻也是紅油味吃多了膩人的關鍵。此菜利用藤椒油的清香麻讓紅油味變得鮮爽些，可以更好的烘托牛百葉的爽脆、青筍的鮮脆口感。

MIXING 092

# 藤椒爽脆百葉

**特點** / 色澤清新，鮮香脆爽

**味型** / 紅油藤椒味　　**烹調技法** / 拌

## 原料：

牛百葉 100 克，青筍 100 克，蒜茸 3 克，香菜末 2 克，香蔥末 2 克

## 調味料：

精鹽 2 克，味精 1 克，白糖 2 克，生抽 2 克，香醋 3 克，紅油 5 克，香油 3 克，藤椒油 3 克

## 做法：

❶牛百葉改刀成長片狀。青筍切成與牛百葉寬度一樣大小的長條。❷牛百頁片及青筍條焯水、斷生，用涼開水沖涼後撈起瀝乾。❸取牛百葉片將青筍捲起，裝盤。❹把所有調料放入碗中，攪勻成味汁，澆在牛百葉捲上即可。

## 美味秘訣：

❶涼拌用的牛百葉對質量、鮮度要求較高，原料好，成菜口感佳且異味更少。❷食材入沸水焯水時，掌握好時間並立刻用涼開水漂涼，口感才會爽脆。涼開水中可放適量冰塊，降溫效果更佳。❸味汁務必攪勻，避免糖、鹽沒溶化，影響口感。

**雅自天成▼** 槽魚灘電站的早晨。

MIXING **093**

# 碧綠木香串串

**特點 /** 葷素搭配，口感脆爽，鮮辣奇香

**味型 /** 藤椒木香味　　**烹調技法 /** 煮

　　此菜品用新的形式詮釋經典菜品「藤椒缽缽雞」，保留串串的形式，而將湯缽的味道全濃縮進一碟碧綠的醬汁中，改泡為沾，再到成菜造型都讓人耳目一新。滋味上改以紅雅另一地方特產「木薑油」做主角，但因木薑的氣味強、欠層次，因此調入少量藤椒油，讓氣味變得獨特而有層次。

**原料:**

去骨熟雞腿肉 150 克,熟萵筍片 30 片,青美人辣椒 500 克

**調味料:**

精鹽 3 克,味精 2 克,糖 7 克,豬油 10 克,清水 25 克,太白粉水 10 克,藤椒油 7 克,木薑油 5 克

**做法:**

❶將雞腿肉改刀成片,和熟萵筍片一起用竹籤串好,備用。

❷將青美人辣椒用榨汁機榨成無渣的青椒汁。

❸取淨鍋,放入豬油開小火燒至 4 成熱,下青椒汁推散,調入精鹽、味精、糖熬化。

❹熬化後加清水燒開,接著以太白粉水勾芡,調入藤椒油、木薑油即成青椒醬,起鍋盛入碟中。

❺將串好的雞肉串與青椒醬一起擺盤,沾醬食用。

**美味秘訣:**

❶青椒醬可批量製作再按需要取用,但不可久放。少量製作時可接用青辣椒茸做,只是口感不化渣。

❷雞腿肉不能煮到軟爛,易散不好串,有些勁道成菜才能愈嚼愈香。

**洪州風情｜木薑子｜**木薑子主要分佈在四川盆地西部及西南部,如洪雅、峨嵋、峨邊、雷波等縣。洪雅地區主要分佈在海拔高度 1000 多米的常綠闊葉林中。

MIXING **094**

# 激情大黃魚

**特點 /** 熱燙噴香，色澤鮮艷，醇厚香辣
**味型 /** 藤椒香辣味　　**烹調技法 /** 炸、燒

## 原料：

大黃魚 1 尾（約 600 克），青美人辣椒指甲片 40 克，紅美人辣椒指甲片 40 克，洋蔥指甲片 40 克，蒜末 5 克，薑末 10 克，香菜末 5 克，胡蘿蔔末 5 克，西芹末 5 克，蔥花 5 克

## 調味料：

精鹽 3 克，雞精 2 克，味精 2 克，白酒 15 克，胡椒粉 1 克，老干媽豆豉辣椒醬 5 克，辣鮮露 10 克，鮮味露 5 克，蠔油 10 克，脆炸粉 20 克，清水 80 克，藤椒油 15 克，沙拉油適量（約 1500 克）

## 做法：

❶取一湯缽，下入精鹽、雞精 1 克、味精 1 克、薑末 5 克、香菜末、胡蘿蔔末、西芹末、蔥花、白酒、胡椒粉、辣鮮露 5 克後充份攪拌即成醃料。

❷大黃魚處理、洗淨後，均勻抹上醃料醃製約 10 分鐘至入味。

❸取出醃製好的大黃魚，除淨醃料，沾上脆炸粉，入 6 成熱的油鍋炸至金黃出鍋待用。

此菜品的滋味厚而複雜，碼味運用了大量的香菜、蔬菜，有些獨特，這一手法在西式烹飪中較常見。然而這道菜是否美味，關鍵在魚夠不夠新鮮！今日多數人都以為味重味厚的川菜其主料鮮度不重要，其實是對川菜烹飪的錯誤認知，味重味厚的菜雖是吃味道，但完美的厚重味道是包含了食材本身的鮮、香、甜，也就是主料的滋味屬於調味的一部分，概括為一句話就是「複合味中能吃到本味的美」。

❹鍋炙好後放入沙拉油 60 克，開中大火燒至 5 成熱，下入薑末 5 克、蒜末炒香。同時將鐵盤置於另一爐火上燒熱。

❺接著依次放入老干媽豆豉辣椒醬、蠔油、洋蔥片和青、紅美人辣椒片，炒香後加清水煮開。

❻放入炸得金黃的大黃魚、鮮味露、辣鮮露 5 克、雞精 1 克、味精 1 克煮開後，轉小火慢燒約 5 分鐘，待汁水收乾後，調入藤椒油，盛入燒得熱燙的鐵盤，即可。

**美味秘訣：**

❶醃料務必充分攪拌，讓蔬菜類的醃料味道釋出，醃製才有意義。

❷脆炸粉也可自製：取麵粉 250 克、泡打粉 2 克、鹽 1 克，充分拌勻即可。

洪州風情｜**人力三輪**｜融合傳統風情轉型為旅遊資源是一個地方發展旅遊的最佳方式，這種風情特色是屬於花錢也做不出來的。在洪雅，因縣城小、地勢平緩，成功將早期代步的人力三輪轉換為城裡人及遊客短程移動的最佳交通工具。

MIXING 095

# 藤椒黔魚

**特點 /** 鮮酸微辣，肉質滑嫩，藤椒味濃郁
**味型 /** 藤椒酸辣味　　**烹調技法 /** 煮

**原料:**

黔魚 1 條（約 1000 克），清水雅筍 50 克，酸菜絲 18 克，泡蘿蔔絲 10 克，泡薑米 10 克，小黃薑米 8 克，蒜米 8 克，青、紅美人辣椒圈各 10 克，冰鮮青花椒 10 克

**調味料:**

精鹽 7 克，味精 5 克，雞精 12 克，白胡椒粉 1 克，花雕酒 15 克，太白粉 50 克，雞蛋清 1 個，雞油 40 克，高湯 400 克，藤椒油 10 克

**做法:**

❶黔魚治淨，取下魚肉後將魚頭、魚尾和魚排砍成塊，納入盆中。

❷魚肉片成片納入盆中，依次加入精鹽 2 克、白胡椒粉、花雕酒 10 克、雞蛋清和太白粉碼味上漿。

❸鍋內摻清水、中火燒開，下入清水雅筍焯水墊入盤底。接著轉中小火加精鹽 2 克和花雕酒 5 克，依次下入魚頭、魚尾、魚排、魚肉片滑一水，撈出備用。

❹鍋內加入雞油，開中火燒至 5 成熱，將酸菜絲、泡蘿

　　泡菜在許多川菜菜品中是主要風格體現的調味輔料，蔬菜經過泡製發酵後，產生複雜而醇厚的鹹鮮酸香味，於是利用泡菜做調味輔料的菜品基本不用鹽或少用。藤椒油對於泡菜酸香、酸辣的滋味有絕佳的提升效果，從酸香醇厚變成鮮爽酸香醇厚。

蔔絲、泡薑米、小黃薑米、蒜米炒香，加入青、紅小米辣椒圈、冰鮮青花椒略炒。

⑤倒入高湯燒開，加入精鹽3克、味精和雞精，放入滑好水的魚頭、魚排、魚尾和魚肉片，轉小火煨至入味，最後加藤椒油推勻即可起鍋盛入盤中的雅筍上。

**美味秘訣：**

❶製作魚類菜品時火候不宜過大，以免沖碎魚肉。

❷此做法也可用於製作其他河鮮類菜式。

**雅自天成**▲ 雅女湖晨曦。

MIXING 096

# 富貴雅鵝薈

**特點** / 冰涼滑脆，鮮辣爽麻

**味型** / 藤椒鮮辣味　　**烹調技法** / 卷、淋

**原料：**

鮮鵝腸 200 克，清水雅筍 50 克，老薑 20 克，胡蘿蔔 30 克，薑末 15 克，蒜末 3 克，青小米辣椒碎 5 克，紅小米辣椒碎 15 克

**調味料：**

精鹽 2 克，味精 1 克，生抽 3 克，高湯 30 克，藤椒油 8 克

**做法：**

❶將鮮鵝腸刮洗乾淨後，燙熟撈入冰水冰鎮，待用。

❷雅筍切成長 6 公分的段後撕成絲，老薑、胡蘿蔔也切成長 6 公分的絲，分別焯水後撈起下入冰水降溫、泡涼，撈起擠乾水分。

❸採纏卷手法將雅筍絲、胡蘿蔔絲、老薑絲置於一冰涼熟鵝腸上，均勻纏繞成鵝腸卷，全部卷好後，剩餘三絲置於盤中打底，然後把鵝腸卷擺上。

❹取一碗放精鹽、味精、生抽、高湯、薑末、蒜末和青、紅小米辣椒碎、藤椒油調成味汁，淋於鵝腸卷即成。

　　此菜品利用鵝腸的滑脆卷裹脆性的蔬菜食材，產生多層次的脆感，加上藤椒的清香麻、鮮辣椒的鮮辣滋味，從口感到滋味都圍繞爽口的主食感。主料中，變數最大的就屬鵝腸，一是本身的品質問題，二是製熟的火候。鵝腸選擇一般是愈寬厚的愈好，顏色以土黃色中帶著粉嫩紅色的為佳。

**美味秘訣：**

❶燙鵝腸時水量要多且滾沸，燙的時間應在 10 秒上下，斷生就撈起，口感才滑脆，煮久就老韌且會縮小。

❷鵝腸卷盤卷好後可先置於冰箱冷藏，要食用時再取出淋上味汁，更加冰爽。

❸家庭烹製時可將高湯換成涼開水，方便成菜。

洪州風情｜**關聖街**｜位於縣城核心，商業步行街旁的關聖街具有完整的早期商業街的風貌，經過適當的維護後，散發著濃濃的歷史底蘊。圖為 2016 年前後對比。

MIXING 097

# 鮮椒鴨掌

**特點 /** 清香麻辣，鴨掌脆嫩

**味型 /** 藤椒鮮椒味　　**烹調技法 /** 拌

　　拌菜，通過拌製讓味道均勻裹附在食材上成菜，因為沒有入味時間或烹煮入味過程，所以在選用調料和調味就有些基本原則，首先，主料要鮮美或使其有底味，其次是主要調味料本身香氣、滋味鮮明，並且具有容易入味、出味或巴味的特質，最後再決定加那些調味料進行風味的完善。掌握這二原則後，基本能做到滋味融洽、有特點。

**原料:**

鮮鴨掌 300 克，清水雅筍 100 克，小香蔥 10 克，大蔥 10 克，青美人辣椒 10 克，紅小米辣椒 5 克，生薑 5 克，鮮藤椒 10 克

**調味料:**

精鹽 3 克，味精 1 克，雞精 2 克，辣鮮露 5 克，藤椒油 5 克

**做法:**

❶鴨掌去骨、洗淨；雅筍改刀成長 6 公分的節，撕成絲狀。

❷雅筍絲下入沸水鍋中焯一水，撈起晾涼；再下入去骨鴨掌 燙至熟，撈起晾涼，待用。

❸將小香蔥、大蔥、青、紅辣椒、生薑、鮮藤椒一起剁成碎末狀，納入碗中調入精鹽、味精、雞精、辣鮮露、藤椒油拌勻即成味汁。

❹將晾涼的雅筍絲置於盤中打底，熟涼鴨掌蓋在上面，淋上味汁即成。

**美味秘訣:**

❶鴨掌要去乾淨骨頭，成菜後才方便食用。充分洗淨以避免夾雜腥異味。

❷將香辛料一起剁成碎末再調成味汁，其鮮香味更濃，滋味更厚實。量多時可用蔬菜調理機攪碎，更快速。

**雅自天成**▲ 青衣江大橋夜景及青衣江夕照。

MIXING 098

# 椒香海芥菜

**特點** / 烱香酸辣，質嫩脆口

**味型** / 藤椒酸辣味　　**烹調技法** / 拌

海芥菜即裙帶菜，是一種海藻，但與海帶是完全不同的兩個種。現多採筏式養殖在潔淨的近海海域。葉狀體是主要食用部位，市場上多經切片處理成細長條狀，又有海帶芽之名。相較於海帶，海芥菜的海味較輕，接受度較高，口感滑脆，十分適合涼拌。

**原料:**

海芥菜 250 克，紅花椒 1 克，乾二荊條辣椒節 3 克

**調味料:**

精鹽 2 克，辣鮮露 5 克，香醋 8 克，熟香菜籽油 10 克，藤椒油 8 克

**做法:**

❶把海芥菜洗淨、切段，放沸水裡焯熟，撈起後攤開晾涼。❷取一碗，放入精鹽、辣鮮露、香醋、藤椒油調勻。❸鍋中下入菜籽油，中火燒至 5 成熟，下入紅花椒、乾二荊條辣椒節炒出烱香味，起鍋沖入裝有調料汁的碗中，攪勻即成味汁。❹將晾涼的海芥菜納入盆中，淋入味汁拌勻，裝盤即成。

**美味秘訣:**

❶海白菜燙熟後應儘快降溫，避免餘熱導致口感變軟。有條件的話可用冰開水降溫，口感更脆嫩。

❷相較於調入現成的常溫烱辣油，用現做的熱燙烱辣油沖入調料汁中可激出更豐富的香氣。

**洪州風情** | **德元樓** | 德元樓為川南四合院風格，一二樓有許多古董、文物收藏展示。四合院中間有一大戲臺，一樓有三個大小不同的用餐區，二樓則是卡座及包間。最為特別的是屋脊上有一神獸神似西方的天使，下次到德元樓記得去找找！

洪州風情｜**苦筍**｜每年春末的季節，幾乎各個場鎮、農貿市場都有熱鬧的買賣風情。

MIXING **099**

# 藤椒雅筍

**特點 /** 煙燻味雅，鮮辣香麻，清脆爽口
**味型 /** 藤椒烟燻味　　**烹調技法 /** 拌

　　「創意來自完美的模仿」，藝術與廣告行業的一句經典，用來形容清水雅筍這一食材應是十分貼切。以今日的生活步調，想吃派發的傳統乾雅筍？那完全是一件大工程！拆袋即食的清水雅筍完全打破既有框架，創造一個嶄新的形式來便利食用，同時保存了雅筍滋味的魂。如同所有的創意一樣，所謂完美的模仿其實就是新表像底下保有其精隨、靈魂。

**原料:**
清水雅筍 250 克，小米辣椒末 10 克，蒜末 5 克，香菜末 3 克

**調味料:**
精鹽 1 克，味精 1 克，辣鮮露 3 克，美極鮮 2 克，藤椒油 8 克

**做法:**
❶將清水雅筍切成菱形塊。❷鍋中下入清水，中大火燒開，下入雅筍塊焯水，撈起瀝水晾涼後，納入盆中。❸盆中調入精鹽、味精、小米辣椒末、蒜末、香菜末、辣鮮露、美極鮮、藤椒油拌勻，擺入盤中成花形，即成。

**美味秘訣:**
❶清水雅筍本身是熟的，焯水的目的是去除封裝保存產生的雜味，入鍋時間避免過長，而使得煙燻味及筍味喪失。
❷拌好後靜置一下，成菜更入味。

MIXING 100

# 過水長江武昌魚

**特點 /** 鮮美滑嫩，魚香味濃郁

**味型 /** 藤椒魚香味　　**烹調技法 /** 煮

**原料:**

武昌魚 1 條約 1000 克，薑片 10 克，蔥段 8 克，香芹段 5 克，洋蔥丁 8 克，胡蘿蔔丁 6 克，蒜末 8 克，泡薑末 10 克，泡椒末 10 克

**調味料:**

精鹽 10 克，味精 1 克，雞精 2 克，胡椒粉 3 克，白酒 3 克，白糖 4 克，香醋 6 克，保寧醋 5 克，太白粉水 10 克，沙拉油 30 克，豬油 10 克，藤椒油 8 克

**做法:**

❶ 將武昌魚宰殺治淨後，在魚身上剞花刀，均勻抹上精鹽 3 克、白酒醃製入味。

❷ 鍋中加入清水 1500 克、薑片、蔥段、香芹段燒開後調入精鹽 7 克、味精、雞精、胡椒粉、豬油，下入醃製好的魚，轉小火煮至熟。

❸ 另一鍋加入沙拉油，開中火燒至 5 成熱，放入蒜末、泡薑末、泡椒末、洋蔥丁和胡蘿蔔丁炒香，加入煮魚的原湯 70 克、白糖煮化後，用太白粉水勾芡，再下香醋、保寧醋煮開，淋入藤椒油成味汁。

❹ 將鍋內煮好的武昌魚撈起放入盤中，淋上味汁即成。

武昌魚主產於長江中下游及附屬湖泊，魚名「武昌」不是指今天的湖北武昌，是指古武昌，現今湖北的鄂州，自古鄂州梁子湖產的品質最佳，故而以產地為名。武昌魚肉質細緻，烹煮時間過久則失去最佳滋味，因此透過碼味再入調味過的湯中煮熟後淋汁，可確保入味及烹煮時間恰到好處，川菜中習慣稱這一手法為「過水」

**美味秘訣：**

❶煮魚時避免火力過大沖碎魚肉。要掌握好熟度，以剛熟最佳，煮久了魚肉容易變得乾柴。

❷煮魚的湯汁味要調足，避免魚煮好後底味不足，成菜滋味會變得離散而單薄。

❸烹製魚香味汁時，下料環節、順序是否做到味，是風味優劣的關鍵。

洪州風情｜**五龍祠**｜位於止戈鎮五龍村，現存風貌為清代培修重建後的樣子，由前殿、正殿、石柱房、宮保府、洪川祠、望月樓組成的四進三院建築群，正殿奉祀城隍爺。環境清幽，門楣、窗花雕飾古樸，柱礎石雕十分精美。

MIXING 101

# 藤椒筍絲佐香煎金槍魚

**特點 /** 魚外酥裡嫩，筍絲麻香爽口

**味型 /** 藤椒味　　**烹調技法 /** 拌、煎

　　此菜使用遠洋食材「金槍魚」，融合了西餐形式，保持中式風味特點。細究調味可以發現，實際上是在西式調味的基礎上融合粵菜與川菜，屬於熱烹冷吃的菜品，西餐中常做為前菜。

　　在多重融合中，清鮮、爽口是這道菜的主調，藤椒筍絲的碧綠爽麻，半生熟魚肉熟中帶鮮都是順著這一主旋律，具有十足的品嘗樂趣。

**原料:**

金槍魚肉 200 克,鮮嫩苦筍 60 克,小香蔥花 15 克

**調味料:**

精鹽 2 克,檸檬汁 30 克,青花椒粉 1 克,紅蔥頭碎 8 克,熟香菜籽油 10 克,藤椒油 1 克

**做法:**

❶紅蔥頭碎 6 克和小香蔥花一起納入研缽,調入精鹽、青花椒粉 0.5 克、檸檬汁 10 克、藤椒油研壓成茸泥狀即成藤椒蔥椒醬。

❷鮮嫩苦筍切粗絲,拌入約 10 克藤椒蔥椒醬,備用。

❸金槍魚加檸檬汁 20 克、青花椒粉 0.5 克、紅蔥頭碎 2 克醃製入味。

❹鍋中下入熟香菜籽油開中大火燒至 6 成熱,下醃入味的魚肉煎至表面金黃酥香即可起鍋,切厚片後裝盤。淋上藤椒蔥椒醬,配上藤椒筍絲即可。

**美味秘訣:**

❶苦筍選用適合生食、新鮮而嫩的部位,筍香特別豐富。若沒新鮮苦筍,可用其他鮮筍替代,但拌味前要先汆或燴過,使其斷生。

❷此菜的金槍魚是作為類似生魚片食用,因此不需要煎到熟透,只要表面金黃酥香即可。

❸紅蔥頭即曬乾的火蔥頭,使用時須剝去乾硬外層。

**雅自天成▲** 位於漢王鄉的漢王湖是洪雅人最愛的休閒釣魚去處,完全得益於其崎嶇的水岸,形成天然的魚窩。

MIXING 102

# 鮮椒浸生蠔

**特點 /** 滑嫩鮮甜，味感新穎，椒香味濃
**味型 /** 家常藤椒味　　**烹調技法 /** 煮

**原料：**

生蠔 100 克，蠔殼 6 只，蔥花 10 克，薑末 15 克，蒜泥 8 克，二荊條青辣椒圈 8 克，冰鮮青花椒 5 克

**調味料：**

精鹽 6 克，味精 3 克，雞精 8 克，豆瓣茸 8 克，香油 3 克，高湯 500 克，熟香菜籽油 15 克，藤椒油 3 克

**做法：**

❶取出生蠔肉洗淨去腸，入沸水中氽去黏液。接著下入蠔殼燙透，撈起後擺入盤中。

❷鍋內放入熟香菜籽油，中火燒至 5 成熱，下蔥花、薑末、蒜泥、豆瓣茸炒香，加入高湯煮開，調入精鹽、味精、雞精，下生蠔煮約 2 分鐘至入味。

❸淨鍋內放入香油、藤椒油、熟香菜籽油，中火燒至 6 成熱。將入味的生蠔肉分別舀入燙過的蠔殼中，一一放上二荊條青辣椒圈、冰鮮青花椒，再將燒好的熱油淋在上面即可。

　　「生蠔」是西餐廳的叫法，本名應為「牡蠣」，廣東人只叫「蠔」。地方名的混淆也形成市場上將個頭小的稱之為「牡蠣」或另一地方名「蚵仔」，個頭大的為「蠔」等不成文規則，實際上大小與品種無關，與養殖地區有關，同一品種養在溫帶則長得較大，養在熱帶就小。

　　營養豐富的生蠔在許多地方被譽為「海中牛奶」，但對非沿海的市場來說卻十分陌生，加上「海味」濃郁，許多人是敬而遠之。這裡在調味上適度加重以平衡「海味」，利用鮮辣椒與藤椒帶出海鮮感有的鮮味，滋味十分新穎。

**美味秘訣:**

❶掌握好煮生蠔的時間，過短不入味，生腥味重；過長則生蠔肉縮水，口感也變得老硬。

❷家庭烹製可在煮入味後，連湯帶料裝入湯缽中，放上二荊條青辣椒圈、鮮藤椒後就用熱油激香。

**洪州風情**｜**菇菌**｜山多潮濕的洪雅，每到夏雨過後，路邊林間總是冒出各種菇菌鮮貨，農民總是會停下手邊工作，採摘那難得的美味。特別提醒！若不懂得如何識別菇菌是否帶毒性，還是在市場中買就好，要不風險太大。

MIXING 103

# 蜜汁銀鱈魚

**特點 /** 肉質細嫩，酥甜香濃

**味型 /** 藤椒甜香味　　**烹調技法 /** 炸、淋

**原料：**

銀鱈魚 2 片（約 300 克），啤酒 50 克，全麥麵包粉 40 克，青甜椒丁 12 克，紅甜椒丁 7 克，洋蔥丁 8 克

**調味料：**

精鹽 3 克，蜂蜜 10 克，奶油 20 克，麵粉 20 克，清水 50 克，太白粉水 5 克，藤椒油 5 克，沙拉油適量（約 1000 克）

**做法：**

❶銀鱈魚洗淨置於盤中，均勻碼上精鹽 2 克、啤酒，靜置 5 分鐘入味。

❷麵粉、清水 20 克放入深盤攪勻成麵糊；全麥麵包粉倒入另一乾的深盤。取淨鍋，加入沙拉油開中大火燒至 6 成熱，轉中火。

❸取碼好味的魚肉放入麵糊中均勻裹上一層，再放入全麥麵包粉的盤中均勻沾裹麵包粉後，下入油鍋炸至金黃熟透，起鍋瀝油。此時將乾淨鐵盤置於另一爐火上燒至熱燙。

❹取淨鍋放奶油 10 克，中大火燒至 5 成熱，下青、紅甜椒丁、洋蔥丁炒香，調

鐵板菜源自西方的牛排餐，因烹調工藝與位上的飲食習慣致使牛排常在上桌不久就完全冷卻，於是產生使用燒熱的鐵盤進行保溫的食用方式，更發現持續的熱度讓香氣四溢、誘人食欲。後來衍伸出食材是上了餐桌再放上鐵板烙熟的吃法。除了形式，這裡在成菜時運用奶油的濃郁奶香來誘人食欲。

入清水 30 克、精鹽 1 克、蜂蜜煮開後，用太白粉水勾二流芡，淋入藤椒油即成味汁。

❺將熱燙鐵盤置於隔熱板上，放上鋁箔紙、下入奶油，化開後擺入炸好的鱈魚，淋上味汁即可。

**美味秘訣：**

❶鱈魚沾裹麵包粉時用壓沾的方式，確保麵包粉能沾裹牢，避免一炸就全散了。

❷鐵盤要燒得熱燙，成菜淋汁時必須呈現「爆」的狀態，其香氣、滋味才完整。

**雅自天成▼** 洪雅農村風情。

MIXING **104**

# 藤椒剁椒魚頭

**特點** / 色澤紅亮，椒香濃郁，麻辣多滋
**味型** / 藤椒鮮椒味　　　**烹調技法** / 蒸

剁椒魚頭源自湖南，卻是從四川流行到全國的風味菜品。工藝上複，滋味卻十分的豐厚、誘人，關鍵就在剁椒醬的輕度發酵產生的酸香味，讓剁椒醬鮮辣酸香，對魚鮮有很好的去腥增鮮的效果，加上適度調味，蒸煮炒燒都是美味！這裡川湘融合，鮮辣酸香中加入藤椒油的清香麻，成菜的香氣更豐富，辣感也變得較溫和，能適應更多人的口味。

**原料：**

花鰱魚頭 1 個（約 1500 克），自製剁椒（見 055 頁）200 克，清水雅筍 30 克，小芋頭 100 克，藿香葉粗絲 10 克

**調味料：**

精鹽 3 克，味精 10 克，料酒 12 克，胡椒粉 5 克，菜籽油 100 克，藤椒油 15 克

**做法：**

❶把魚頭清洗乾淨，從中間砍開，展成片狀。雅筍改刀成絲。小芋頭去皮。❷魚頭用料酒、精鹽、胡椒粉醃製 10 分鐘。剁椒裡加入藤椒油 5 克、味精拌勻成調味剁椒。❸把雅筍絲、芋頭放盤底，放上醃入味的魚頭，淋上調味剁椒，上蒸籠大火蒸約 12 分鐘。❹鍋中下菜籽油及藤椒油 10 克，開中大火燒至 6 成熱，淋在出籠的魚頭上，放上藿香葉粗絲即成。

**美味秘訣：**

❶碼味時間要足，成菜滋味才厚實。❷務必等蒸籠水鍋滾沸，蒸氣上來後才將魚頭放入蒸製。蒸氣還沒上來就放進魚頭，口感容易發柴、不滋潤。

**雅自天成▲** 連結縣城與山區各鄉鎮的主要通道紅瓦路、洪高路的公路風情。

話說野米一名是來自其極似稻米的外形，實際上與稻穀是超遠親，是一種稱為「菰」的草籽，即俗名笈白筍這一類植物的種子。其色澤成黑褐色，含有極高的膳食纖維造就其不好煮的特點，但愈吃愈香的獨特香氣讓人一吃難忘。這裡與珍貴的西餐食材肥鵝肝相結合，美味有檔次。

MIXING 105

# 野米焗鵝肝

**特點 /** 搭配新穎，鹹鮮乾香，醇厚微辣
**味型 /** 鹹鮮味　　**烹調技法 /** 炸、炒

### 原料:

肥鵝肝 150 克，野米 250 克，青美人辣椒麥形塊 15 克，紅美人辣椒麥形塊 15 克，蘆筍麥形塊 20 克，薑片 10 克，蒜片 8 克

### 調味料:

味精 1 克，雞精 2 克，脆炸粉 20 克，菌菇調味汁 15 克，一品鮮豆油 5 克，美極鮮味汁 5 克，鮑魚汁 5 克，熟香菜籽油適量（約 1000 克）

### 做法:

❶野米洗淨後加清水泡透，瀝乾水後再加清水煮至熟透，瀝乾水，待用。❷鍋內放菜籽油，開大火燒至 6 成熱，轉中小火。取肥鵝肝去除筋膜，洗淨，切成 1.5 公分小塊碼上脆炸粉，下入油鍋炸至金黃，撈起瀝油。❸鍋內留油約 20 克，其餘的油倒至淨湯鍋中，留作他用；開中火燒至 5 成熱，下入青、紅美人辣椒菱形塊、蘆筍菱形塊、薑蒜片炒香。❹放入熟野米、炸鵝肝塊，調入味精、雞精、菌菇調味汁、一品鮮豆油、美極鮮味汁、鮑魚汁翻勻出香，即可起鍋裝盤。

### 美味秘訣:

❶野米本身不太吸水分，不易煮透，具體煮製程序為：加欲煮之野米重量 2 倍的清水泡 3 小時，瀝乾水後再加 4 倍清水大火煮開，轉小火、加蓋煮約 45 分鐘，關火，燜 20 分鐘，瀝乾水後即為煮透的野米。❷成菜不能帶湯汁，收乾湯汁代表味汁都被食材吸附，成菜才味厚爽口。

**雅自天成▼** 冬日裡的柳江古鎮。

MIXING **106**

# 藤椒魚丸

**特點 /** 潔淨多彩，細嫩鮮美，清香味爽

**味型 /** 鹹鮮藤椒味　　**烹調技法 /** 煮

**原料:**

鱸魚淨肉 200 克，青豆 5 克，玉米粒 5 克，紅甜椒粒 5 克，黃甜椒粒 5 克，青甜椒粒 5 克，清江菜 3 棵

**調味料:**

精鹽 2.5 克，白胡椒粉 0.8 克，老薑汁 1 克，太白粉 1.5 克，太白粉水 10 克，清水 50 克，藤椒油 3 克

**做法:**

❶ 鱸魚淨肉剔淨細刺後洗淨，用刀切成小塊再剁成魚肉糜，納入盆中。

❷ 加入太白粉、精鹽 1 克、白胡椒粉、薑汁，攪拌均勻，放入魚肉。

❸ 用筷子將調好味的魚肉順時針方向攪拌，攪拌過程中將 50 克清水分 3-5 次加入，一直攪拌到魚肉漿變得上勁、有彈性，即成魚糝。

❹ 鍋中下入 1000 克清水，大火燒開後轉小火，保持騰而不沸。一手抓適量魚糝，握起手，從虎口擠出一團魚糝圓，另一手拿湯杓挖入熱水鍋中，待魚丸浮至水面即熟。

❺ 另起一鍋下入 500 克清水，中火燒開後下入切半的清江菜汆熟，擺入盤中，將煮熟的魚丸撈起、擺入。

❻ 倒掉汆菜的熱水，下入煮

　　基本上有產魚的地方就有魚丸這一類的菜品，各地方對魚丸的口感滋味偏好多不相同，唯一的共通點就是「鮮」！早期沒有機器輔助時，魚丸菜品就是高檔工藝菜的代名詞，現今在各式食品加工機械的協助下，魚丸產品十分普及多樣，但多是冰凍保鮮。這裡透過手工藝才有的極致特性，賦予魚丸極度細嫩的鮮美滋味，因此成菜的調味簡單卻十分提味，巧用藤椒油，讓滋味多了爽心的清香。

魚丸的原湯 200 克，調入精鹽 1.5 克、白胡椒粉 0.3 克，中火煮開，下入青豆、玉米粒和紅、黃、青甜椒粒煮至斷生，淋入太白粉水勾芡後調入藤椒油推勻，淋在魚丸上即成。

**美味秘訣:**

❶魚丸好吃的關鍵首先是魚新鮮，其次就是攪打的功夫是否到位、上勁、有彈性。

❷煮魚丸的熱水鍋用小火保持微騰即可，若是滾沸則會將未定型的魚丸沖得不成形。

❸做好的魚丸除了直接食用，還能用於多種菜品，可一次大量製作後冷凍保存。

**雅自天成▲** 湖面如鏡的雅女湖，在倒影的作用下，將平凡景致變得魔幻。

MIXING **107**

# 椒味金絲蝦

**特點 /** 色澤金黃，酥脆彈牙，鮮甜香麻

**味型 /** 藤椒甜香味　　**烹調技法 /** 炸、裹

**原料:**

鮮基圍蝦 150 克，馬鈴薯 50 克，薑片 12 克，蒜末 8 克

**調味料:**

精鹽 3 克，胡椒粉 1 克，蛋清 12 克，豆粉 8 克，美乃滋 8 克，煉乳 7 克，檸檬汁 10 克，熟香菜籽油 20 克，藤椒油 8 克

**做法:**

❶基圍蝦去殼留尾，從背切開去掉蝦線後的蝦仁洗淨納入盆中，用精鹽 2 克、胡椒粉、薑片、蒜末碼勻，靜置約 5 分鐘至入味。

❷鍋中放沙拉油，開中火燒至 6 成熱，馬鈴薯刨成細絲，下入鍋中炸成酥脆馬鈴薯絲，撈起瀝乾油，盛入盤中。

❸另取淨鍋，下入清水，開中火燒沸後轉小火。

❹取一深盤下入蛋清、精鹽 1 克、豆粉攪勻成蛋清糊，手拿蝦仁尾沾裹上蛋清糊，下熱水鍋中燙熟，待用。

❺取小湯盤下入美乃滋、煉乳、檸檬汁、藤椒油充分攪勻即成藤椒檸檬醬。

❻手拿燙熟蝦仁尾均勻沾裹上藤椒檸檬醬後，放於酥脆

運用沾裹方式成菜的菜肴在滋味與風格上較容易做出新意。因這類菜品是透過個別烹製、調理後再進行組合成菜，中間有許多環節可以做融合或置換，不改變原烹調習慣更便於市場運作。這道椒味金絲蝦就是在起沾連作用的醬汁上大膽引用西式美乃滋調製，加上檸檬汁與藤椒油的巧妙搭配，讓這道外層油酥的菜品滋味十分清爽。

馬鈴薯絲上，使其沾裹在蝦仁外層，一一沾裹擺盤即成。

**美味秘訣:**

❶基圍蝦應選用大而鮮活的，一是成菜大氣，二是鮮蝦的肉質較彈牙鮮甜，成菜更美味。

❷藤椒檸檬醬也可用於其他酥炸類菜品，應用廣泛。

❸馬鈴薯絲愈細愈好，成品酥脆感較精緻。

**洪州風情 | 桌山** | 桌山是指山頂異常平坦的山峰。世界三大桌山分別是南美的羅賴馬山（Mount Roraima）、南非開普敦的桌山 (Table Mountain) 和四川紅雅的瓦屋山。瓦屋山位於洪雅縣的西南部，景致四季不同，有「春看杜鵑，夏觀飛瀑，秋賞紅葉，冬睹冰雪」的美譽。圖為冬季裡的瓦屋山，因地形的半封閉性，動植物種類非常豐富且獨特，另有「杜鵑花王國」、「中國鴿子花故鄉」的美譽。

MIXING **108**

# 椒香銀鱈魚

**特點 /** 椒香濃郁、鮮辣爽口、鱈魚嫩滑、色澤鮮明

**味型 /** 藤椒鮮辣味　　**烹調技法 /** 汆、淋

**原料：**

銀鱈魚 300 克，薑片 8 克，薑末 20 克，蒜泥 10 克，蔥節 8 克，蘆筍段 20 克，胡蘿蔔條 12 克，紅小米辣椒粒 8 克，青小米辣椒粒 6 克

**調味料：**

精鹽 3 克，味精 1 克，雞粉 1 克，太白粉 7 克，料酒 6 克，豆油 4 克，白糖 8 克，醋 6 克，高湯 1000 克，藤椒油 10 克

**做法：**

❶銀鱈魚洗淨切成大塊，用精鹽 2 克、料酒、薑片、蔥節碼勻，靜置約 2 分鐘入味。

❷湯鍋下入高湯，調入精鹽 2 克，中火燒開，轉中小火。將碼好味的銀鱈魚抹去碼料，拍上太白粉，下入燒開的高湯中　熟撈起。接著下入蘆筍段、胡蘿蔔條汆熟，撈起瀝水後與熟銀鱈魚一起擺盤。

❸取碗放入精鹽 1 克、豆油、薑末、蒜泥、白糖、醋、雞粉、味精攪勻，澆於銀鱈魚上。

❹取一碗放入青、紅小米辣椒粒，鍋內下藤椒油中火燒

　　銀鱈魚油脂含量高，煮熟的口感軟嫩而滑，鮮甜美味加上無細刺而受市場歡迎。除銀鱈魚外，市場上還有白鱈魚，其口感結實帶點勁。兩者是不同魚種卻長得很像，加上市場上販售的多已切成塊，因此只能從肉色及魚皮做分辨，銀鱈魚肉色米黃，魚皮灰黑，白鱈魚肉色白皙，魚皮灰白。

至 5 成熱，出鍋淋入碗中，拌勻後把青、紅小米辣椒粒依次放在淋有味汁的銀鱈魚上即成。

**美味秘訣：**

❶拍在銀鱈魚上的太白粉要適量，少了煮好後口感不嫩滑，多了就滿口漿不爽口。

❷用藤椒油激辣椒時要避免油溫過高，最高 6 成熱，再高會破壞藤椒油本身的清香麻。

**雅自天成▲** 洪雅茶園風情。

MIXING 109

# 滋味牛蛙

**特點 /** 色澤分明，湯色紅亮，酸香麻爽

**味型 /** 藤椒泡椒味　　**烹調技法 /** 煮

**原料：**

理淨牛蛙 3 只（約 600 克），小黃瓜條 100 克，泡燈籠椒 250 克，冰鮮青花椒 20 克

**調味料：**

精鹽 5 克，味精 2 克，雞精 1 克，蠔油 8 克，美極鮮 8 克，豆瓣紅油（見 055 頁）20 克，高湯 200 克，熟香菜籽油 200 克，藤椒油 10 克

**做法：**

❶ 理淨牛蛙洗淨，斬成塊，納入盆中加精鹽 3 克碼勻入味。

❷ 鍋內放入熟香菜籽油，開中大火燒至 4 成熱，轉中火下入牛蛙塊滑熟，撈起瀝油。

❸ 鍋內留油約 30 克，其餘的油倒至淨湯鍋中，留作他用；加入豆瓣紅油，開中火燒至 5 成熱，下入泡燈籠椒炒香、出色。

❹ 下入高湯、精鹽 2 克、味精、雞精、蠔油、美極鮮、冰鮮青花椒後燒開，下入小黃瓜條、滑熟的牛蛙塊翻勻，轉中小火煮至入味。起鍋前淋入藤椒油翻勻，即可盛盤。

　　泡椒風味的菜品因其酸香、微辣、爽口的特點而風行於市場，經典菜品就屬2000年前後十分火爆的「泡椒墨魚仔」，成菜風格乾淨俐落，現在許多泡椒風味菜品的風格仍受其影響。這道滋味牛蛙在泡椒味的基礎上改成藤椒味為主，泡椒味為輔，成菜後藤椒的香麻明顯於泡椒，加上牛蛙鮮甜彈牙的肉質，成就絕佳爽口滋味。

**美味秘訣：**

❶掌握好豆瓣紅油的製作，是成菜色澤與複合香氣優劣的關鍵。

❷用低溫油滑熟牛蛙肉可確保色澤潔白與肉質細嫩。

❸控制好煮製時間，時間短滋味分散沒醇厚感，時間長則食材綜合性口感變差。

**洪州風情｜慈雲寺｜**位於洪雅縣城北門山的慈雲寺，原名月珠寺。建於唐末，鼎盛於五代時期，元代重修。宋天聖八年（1030年）賜名為「慈雲寺上院」。歷代高僧輩出。明宏治刑部郎中范淵，明正德巡按雄相以及清代四川學政使何紹基等歷代達官名士都曾到寺悟性參禪、遊覽提詠。清末後敗落毀壞，1991年開始重修，目前已完成山門、主殿等主要建築，仍持續修建中。

MIXING 110

# 藤椒石鍋燜鵝

**特點** / 色澤棕紅，熱燙噴香，藤椒味濃

**味型** / 藤椒味 　　**烹調技法** / 燜

　　燜鵝類的菜肴流行於嶺南地區，成菜醬香融鬱、滋味厚實、口感彈牙，選用石鍋烹製可適度節約爐火，成菜後起保溫作用，也多些乾香味，這得益於石鍋的厚實與經常使用後吸附油脂形成天然的不沾層。在熟悉的風味加入新滋味是當前最常用的菜品創新手法，其中藤椒油的使用最能體現這類創新優勢！多數菜品不需改變工藝，只要在適當環節調入藤椒油即可得到一風格滋味具識別度的新菜品，成菜滋味又為市場所接受。這道藤椒石鍋燜鵝就是最佳範例。

**原料：**

理淨鵝半只（約 1000 克），蓮藕塊 500 克，冰鮮青花椒 100 克，洋蔥條 20 克，青美人辣椒段 20 克，紅美人辣椒段 20 克

**調味料：**

精鹽 10 克，味精 2 克，雞精 2 克，生抽 10 克，清水 500 克，熟香菜籽油 20 克，藤椒油 10 克

**做法：**

❶ 理淨鵝宰成塊，下入沸水鍋中汆熟、瀝乾。

❷ 石鍋內放菜籽油，開大火燒至 6 成熱，放入鵝肉爆至外表金黃色，轉中火，加入精鹽、味精、雞精、生抽、洋蔥條、蓮藕塊和青、紅美人辣椒段各 10 克繼續爆炒，炒至香味出來，加入清水。

❸ 煮開 10 分鐘後轉小火加蓋燜煮約 15 分鐘。打開鍋蓋，轉中火炒至湯汁收乾。

❹ 另取一鍋放藤椒油，開中火燒至 5 成熱，下入青、紅美人辣椒段各 10 克和冰鮮青花椒炒香後，出鍋淋在石鍋的鵝肉上即成。

**美味秘訣：**

❶ 爆炒鵝肉時要熱鍋、熱油、大火，才能逼出香味且產生外乾香、內嫩鮮的滋味。

❷ 若希望煮好的鵝肉口感偏柔軟，燜的時間可加長為 25 分鐘。

❸ 辣椒第一次入鍋是要讓辣香味滲入鵝肉，第二次則是增色與增香。

**雅自天成▼** 位於玉屏山下的茶園，其實是古中峰寺的遺址所在地。

MIXING 111

# 藤椒蔥香雞

**特點 /** 蔥香味濃，雞肉口感鮮嫩，藤椒味突出
**味型 /** 藤椒味　　**烹調技法 /** 煮

許多地方都有白斬雞這一菜肴，常見的變化就是增添蔥油香，即成蔥油雞。現於蔥油雞基礎上，在不改變成菜形式的前提下，讓原本蔥香鹹鮮的風味增添清香麻、回口微辣的滋味層次，吃來更加爽口，也令雞肉的鮮甜感更明顯。

## 原料：

理淨三黃雞約 1000 克，老薑片 15 克，大蔥節 20 克，乾辣椒 5 克，紅花椒 2 克，小香蔥 80 克（蔥白切寸段，蔥綠切蔥花），紅洋蔥絲 20 克

## 調味料：

精鹽 25 克，味精 5 克，雞精 5 克，鮮椒豉油（見 055 頁）100 克，沙拉油 15 克，藤椒油 50 克

## 做法：

❶ 理淨三黃雞去內臟洗淨。取湯鍋下入清水 2000 克，加精鹽、味精、雞精、老薑片、大蔥節、乾辣椒、紅花椒，大火燒開後下入三黃雞，湯開之後撇去浮沫，轉小火鹵約 8 分鐘關火，浸泡約 20 分鐘撈出，備用。

❷ 將蔥段和洋蔥絲放入深盤墊底。將熟三黃雞一分二，取半邊去翅去腿宰條狀裝盤，淋入用煮雞鮮湯 60 克、鮮椒豉油、藤椒油調成的味汁，放上蔥花。

❸ 鍋內放沙拉油，開中大火燒至 6 成熱，淋在蔥花上即成。

## 美味秘訣：

❶ 白鹵時掌握好時間，以免口感不對，口感以鮮嫩為主。時間過短則口感偏韌、硬；時間過長則偏軟、肉味不鮮。

❷ 鹵出來的雞底味要足，成菜滋味才有整體感。

**洪州風情｜千層底｜**這一名詞對許多 00 後的年輕人來說應該是很陌生！千層底是指數十層布縫製完成的鞋底，也指夾在核心那塊定型又具彈性的「布板」。農村製作千層底的傳統方式十分費工，卻十分環保。在羅壩古鎮有幸偶遇一太婆正在製作千層底，只見她將回收的布料展開一層層黏貼在一起，用的黏劑是用俗名「苦栗」的果實煮熟靜置發酵再加麵粉調成。因為是回收的布料，每一塊的厚度大小都不同，要拼拼湊湊成一塊大而平整的板狀，全憑太婆經驗。貼到需要的厚度後，再曬 5-7 天至乾透。據說用這種千層底做成的鞋，好穿又不容易臭。

MIXING 112

# 爽口藤椒雞

**特點 /** 色澤碧綠，滋潤彈牙，椒香蔥香味濃
**味型 /** 藤椒味　　**烹調技法 /** 煮、拌

　　此菜品的滋味改良自傳統的「椒麻味」。紅花椒本身合味不壓味的特性，成菜後芳香味與其他氣味完全相融，致使多數人只知花椒麻不知花椒香。藤椒油的清香則是不合味，也就是說多數情況下藤椒清香都是突出於其他滋味的，香麻感鮮明，相較於紅花椒就更有記憶點。

**原料：**

理淨土公雞約 1200 克，小香蔥 30 克，老薑片 15 克，大蔥節 20 克，冰鮮青花椒 10 克

**調味料：**

精鹽 8 克，味精 1 克，雞精 2 克，藤椒油 10 克

**做法：**

❶理淨土公雞去內臟洗淨。取湯鍋下入清水 2000 克，加老薑片、大蔥節，大火燒開後下入土公雞，湯開之後撇去浮沫，轉小火煮約 10 分鐘關火，浸泡約 20 分鐘撈出，晾乾水氣，備用。

❷小香蔥、冰鮮青花椒一起剁成茸狀，放入攪拌盆中，加入煮雞的原湯 100 克、藤椒油、精鹽、味精、雞精拌均成椒麻汁。

❸將晾乾水氣的土公雞斬成條狀，納入椒麻汁盆中拌勻，裝盤即成。

**美味秘訣：**

❶掌握好煮土公雞的時間，是成菜口感、滋味優劣的關鍵。

❷椒麻汁應現做現用，避免久放至使顏色發黑。

洪州風情｜**雅連**｜特指種植於雅安及洪雅瓦屋山一帶近 2000 米向陽山坡的一個黃連品種，因成長週期長，現洪雅僅剩高廟鎮黑山村規模種植。雅連的藥理效果明顯高於一般黃連，從《本草綱目》到《現代中醫藥典》都以雅連之名與一般黃連做區分即可證明。洪雅山區的一般黃連種植相對普遍，以黃連花為原料精製而成的黃連花茶是當地著名的土特產品。圖為隱身大山中的農戶在選苗及進產地的沿路景觀。

MIXING 113

# 藤椒紅膏蟹

**特點 /** 酒香味濃，膏蟹鹹鮮，香麻爽辣
**味型 /** 藤椒鮮辣味　　**烹調技法 /** 拌

**原料：**

生醉紅膏蟹 4 只（約 1000 克），蒜泥 10 克，薑末 10 克，蔥花 10 克

**調味料：**

糖 8 克、味精 2 克、美味鮮 3 克、美極鮮 3 克，魚露 3 克，香油 5 克，辣椒油 5 克，藤椒油 10 克

**做法：**

❶生醉紅膏蟹斬成塊，裝盤。

❷將蒜泥、薑末、糖、味精、香油、辣椒油、美味鮮、美極鮮，魚露、藤椒油下入碗中，攪化即成醬汁。

❸將醬汁淋入盤中生醉紅膏蟹塊上，撒上蔥花即可食用。

**美味秘訣：**

此菜的滋味另一關鍵在生醉紅膏蟹的風味，雖然市場上有現成的冰鮮醉蟹可以購買，但自製的更能讓風味具有特色。

以下為基本做法：取一湯鍋下入鹽 1200 克、味精 50 克、糖 400 克、花椒 10 粒、胡椒粉 5 克，加清水 2000 克

　　「紅膏蟹」是指每年的 9-10 月份期間捕撈、蟹膏飽滿的梭子蟹。這期間的梭子蟹又肥又大肉質鮮嫩，多半重達半斤以上，其中以舟山海域的梭子蟹最佳，而美食家眼中最上乘的梭子蟹要數「紅膏蟹」，除了有公蟹的肥美與鮮香蟹肉，紅膏蟹更多了紅膏的濃郁鮮香甜。此菜以江浙流行的醉蟹風味作為基礎，融入四川洪雅藤椒特有的清香麻，瞬間形成迥異的滋味風格，美味又獨特。

煮開、煮化後放涼成醃汁。接著倒入乾淨可密封的容器中，放入青蔥 50 克、老薑片 100 克，備用。然後將鮮活紅膏蟹 10 只（約 3000 克）用刷子將殼及縫隙處洗淨後去蓋，再將邊上的腮羽、蟹蓋中的沙囊去掉，最後將蟹的腹腔中部有一小塊六角形的白色塊狀物去掉。全部清理好後放入盆中噴入高度白酒約 50 克，靜置約 10 分鐘殺菌，倒掉殺菌後的白酒。將殺好菌的紅膏蟹放入裝有醃汁的容器中，加入高度白酒 300 克、米醋 200 克，醃製一天後即成。

**雅自天成▲** 從瓦屋山復興村的生態茶園欣賞瓦屋山的雄奇。

MIXING **114**

# 小鳳椒嬌鮑

**特點 /** 潔淨清爽，清香爽口，鮮嫩彈牙
**味型 /** 藤椒味　　　**烹調技法 /** 拌

　　鮮鮑魚又名鮑魚仔、土鮑魚、九孔，與鮑魚同屬鮑螺科家族。若從外觀上來說鮮鮑魚個頭小、外殼為平紋，鮑魚個頭大、外殼為凹凸紋。煮熟後肉質，鮮鮑魚的彈牙，而鮑魚的軟嫩，然兩者的鮮甜不相上下。這裡在鮑魚仔彈牙鮮甜的基礎上，利用藤椒油的清香麻及其他調輔料進行烘托與增味，產生新味感。

**原料：**

鮮鮑魚 500 克，蒜米 3 克，薑米 3 克，紅小米辣椒末 5 克，青小米辣椒末 3 克，香蔥節 6 克，紫蘇葉適量，胡蘿蔔絲、青筍絲適量

**調味料：**

精鹽 3 克，味精 1 克，料酒 5 克，胡椒粉 3 克，熟香菜籽油 30 克，藤椒油 5 克

**做法：**

❶鮮鮑魚去殼、理淨後洗淨，在面上剞十字花刀，用精鹽 2 克、料酒、胡椒粉、香蔥節碼拌醃製約 10 分鐘使其入味。

❷鍋內放入熟香菜籽油，開中火燒至 4 成熱轉中小火，將醃入味的鮑魚沖去料渣、擦乾，下鍋浸炸至熟，撈起瀝油待用。

❸將蘿蔔絲理成與鮑魚數量相等的團擺放於盤中，配上紫蘇葉。

❹將青、紅小米辣椒末，蒜米、薑米、精鹽 1 克、味精、藤椒油下入盆中拌勻，再放入熟鮑魚拌勻，夾出鮑魚置於盤中紫蘇葉上即成。

**美味秘訣：**

❶浸炸鮑魚時油溫不能高，以避免上色後失去成菜需要的潔淨感。

❷炸好的鮑魚要確實瀝乾油，成菜才清爽。

❸掌握好鮑魚的熟度，避免炸過頭而口感變老或硬。

**雅自天成▼** 洪州大橋夜景。

MIXING 115

# 藤椒仔兔

**特點 /** 色澤分明，細嫩彈牙，椒香味濃
**味型 /** 藤椒鮮辣味　　**烹調技法 /** 炒

四川人估計是最愛吃兔肉的族群,一部分原因來自計劃經濟時代的養殖背景,使得兔肉資源極度豐富,另一個就是川菜玩「味」功夫極佳,讓本身口感佳卻沒有獨特滋味的兔肉能成為佳餚。運用碼底味的技巧,簡單小炒就能讓平淡兔肉乘載諸多滋味化身驚豔美食。

**原料:**
理淨兔肉 300 克,老薑片 3 片,紅美人辣椒顆 15 克,青美人辣椒顆 15 克,仔薑 20 克,冰鮮青花椒 5 克

**調味料:**
精鹽 3 克,料酒 10 克,美極鮮味汁 4 克,熟香菜籽油 40 克,藤椒油 8 克

**做法:**
1 理淨兔肉洗淨,改刀成 1.5 公分方丁,下入盆中加精鹽、料酒、老薑片碼勻入味。仔薑切成 1 公分方丁。
2 鍋內倒入熟香菜籽油,開中大火燒至 5 成熱,下入仔薑丁、碼好味的兔丁炒至兔丁上色。
3 轉中火再下青、紅美人辣椒顆、冰鮮青花椒、美極鮮味汁炒香,起鍋前加入藤椒油翻勻即成。

**美味秘訣:**
1 兔肉清洗後可漂一下水,去淨肉中的血,羶味更少。
2 碼味、入味要恰當而足,成菜滋味才有層次感。不足,滋味散不成形。過度則吃不到兔肉獨特的鮮甜味。

**雅自天成▼** 在將軍鄉的筲箕壩,天氣好時,可見江對岸的修文塔,頗有思古幽情。然遇到大霧時,一副水墨畫油然而生。

MIXING **116**

# 砂鍋茄香鱔

**特點 /** 熱燙鮮香，麻辣回甜，軟嫩味厚
**味型 /** 藤椒香辣味　　**烹調技法 /** 燒

**原料：**

理淨鱔魚 175 克，茄子 200 克，燒椒末 200 克，薑末 15 克，蒜末 15 克，乾青花椒 10 克

**調味料：**

味精 3 克，雞精 15 克，醋 15 克，一品鮮豆油 10 克，辣鮮露 15 克，太白粉水 10 克，菜籽油 200 克，藤椒油 10 克

**做法：**

❶ 理淨鱔魚清洗後改刀成段，入熱水鍋中汆水，撈出瀝水。

❷ 鍋中下菜籽油，開中大火燒至 5 成熱，下改刀成條的茄子炸至熟透，撈出濾油。

❸ 砂鍋洗淨後置於爐火上燒熱。

❹ 鍋裡留油 50 克，開中大火燒至 5 成熱，依次下入薑蒜末、乾青花椒炒香，再放入燒椒末炒香，加清水 200 克、一品鮮豆油、辣鮮露、雞精、味精、醋煮開後，淋入太白粉水勾芡成燒椒汁。

❺ 將炸好的茄條和汆過的鱔段先後放入砂鍋中，淋入炒好的燒椒汁。整鍋置於爐火上，以中大火燒至滾沸，淋入藤椒油，即成。

　　砂鍋是由天然優質陶土加砂塑形燒製而成，造型質樸，在一眾細膩質感的瓷器中相當突出。其特性為質硬，吸熱快，蓄熱能力強，使用時不易黏鍋。以砂鍋烹煮的菜肴最大特點就是「熱燙」，端上桌後仍可維持烹煮能量，大量散發香氣，加上湯汁滋滋做響，餐桌氣氛自然熱情起來。對於鱔魚這種涼了之後容易出腥味的菜品來說，使用熱燙砂鍋是最佳的解決方式，強大蓄熱能力，讓菜品從上桌到吃完都是熱燙狀態，相當於調入了「一燙抵三鮮」的滋味，用茄子當輔料更強化這一味感，更增加鮮甜味。

**美味秘訣：**

❶熱燙砂鍋除了保溫，實際上也是此菜品的烹煮程序的關鍵一環，因此砂鍋的溫度很重要。使用石鍋效果更佳。

❷燒椒做法：開中小火，將放有鮮青二荊條辣椒的大孔金屬漏杓移至火上，持續翻動直到辣椒質地變軟、外皮有不規則焦黃的虎皮狀時離火，下入清水中洗淨即成。

**雅自天成▼** 雅竹風情。

MIXING 117

# 椒香土豆丸

**特點** / 軟和滋潤,鹹鮮清香
**味型** / 藤椒味　　**烹調技法** / 蒸、淋

**原料:**

馬鈴薯 500 克,香菇粒 10 克,雅筍粒 20 克,雞蛋 1 個,紅美人辣椒粒 10 克,小青椒粒 5 克,清江菜 10 小棵

**調味料:**

精鹽 4 克,味精 2 克,雞粉 2 克,太白粉 6 克,太白粉水 10 克,高湯 40 克,藤椒油 5 克

**做法:**

❶ 先將馬鈴薯去皮洗淨、切片,上籠大火蒸約 15 分鐘至熟,取出壓成泥。

❷ 起一沸水鍋,下入清江菜汆熟,瀝水備用。

❸ 馬鈴薯泥放入盆中,磕入雞蛋,加入太白粉、雅筍粒、香菇粒、精鹽 3 克、味精 1 克、雞粉 1 克攪勻後,取適量馬鈴薯泥做成丸狀置於盤中,全部做好後上籠蒸 10 分鐘至透,取出裝入深盤,用熟清江菜圍邊。

❹ 鍋中下入高湯,開中火燒開,下青、紅椒粒略煮,調入精鹽 1 克、味精 1 克、雞粉 1 克推勻後,用太白粉水勾芡,淋入藤椒油攪勻,起鍋淋在馬鈴薯丸上即成。

　　土豆的本名為「馬鈴薯」，是全球食用量第四大的糧食作物，僅次於稻米、玉米和小麥。馬鈴薯的原產地在南美洲的安地斯山脈，對我們來說是「異國食物」，據說馬鈴薯的名稱由來是其形像古代的「馬鈴」。此菜將馬鈴薯蒸熟壓成泥狀後二次烹煮、調味而成，做法簡單，老少咸宜。

**美味秘訣：**

❶馬鈴薯要選澱粉含量高，成熟後比較鬆軟的，做成的馬鈴薯丸口感較精緻。

❷此菜品吃的是鹹鮮清香，藤椒油不能加多，帶出雅致的清香麻即可。

洪州風情｜**止戈鎮**｜論止戈鎮的地理、環境皆平淡無奇，卻是見證過三國歷史的古鎮，西元 221 年，劉備在成都稱帝建立蜀國後，西南蠻夷首領雍闓，率雲南、越西一帶少數民族歸順臣服，與蜀國使臣會盟於洪雅千坵坪（今洪雅縣東嶽鎮境內），蜀國遂將當時管理千坵坪的單位駐地命名「止戈」，以示化干戈為玉帛，至今已有 1790 年歷史，到北宋時建制立鎮，設止戈鎮，一直沿襲至今。足見洪雅歷史積澱的深厚。圖為止戈鎮老街、周邊風情。

MIXING 118

# 清香麻涼麵

**特點** / 香麻可口，酸甜微辣，秀色可餐

**味型** / 藤椒糖醋味　　**烹調技法** / 煮、拌

**原料：**

細棍麵條 100 克，青筍絲 30 克，胡蘿蔔絲 20 克，蒜茸 6 克

**調味料：**

精鹽 1 克，雞精 0.5 克，白糖 5 克，花椒粉 1 克，紅油 10 克，醬油 5 克，保寧醋 3 克，熟香菜籽油 5 克，藤椒油 5 克

**做法：**

❶青筍和胡蘿蔔絲納入盆中加精鹽 0.5 克拌勻，使其入味並去生味，約 5 分鐘。

❷除去青筍和胡蘿蔔絲多餘的水分後，加入藤椒油 2 克拌勻，待用。

❸取淨鍋，下入 1-2 千克的水，大火燒開後轉中火，下入麵條煮至 6 成熟，撈出用菜籽油拌勻，涼冷待用。

❹取碗，下入蒜茸、精鹽、雞精、白糖、花椒粉、紅油、醬油、保寧醋、藤椒油 3 克調勻成麻辣酸甜的味汁。

❺將拌油涼冷的麵條用筷子卷成圓墩狀置於盤中，淋上味汁，放上調好味的青筍和胡蘿蔔絲即成。

　　四川涼麵品種多樣，可說一城一市一風味，細究即發現是酸辣、鮮辣、麻辣這三種味型的延伸變化，如糖城內江的涼麵就在酸辣基礎上重用糖，甜香酸辣的味感十分有特色，其他地方似乎沒這個味。這裡則是結合藤椒味與糖醋味，十分爽口，其突出的清香味是與其他地方涼麵最大的差異處。

**美味秘訣:**

❶麵條至 6 成熟即可，撈起後的餘溫會持續熟成。不可煮得過熟，口感會沒勁、發綿。

❷拌麵條的熟香菜籽油可換成生菜籽油，其獨特芳香味更濃郁。

❸青筍和胡蘿蔔絲事先調好味，可去除其生異味且食用時滋味更融合有層次。

**雅自天成▲** 在農村仍有許多狀態良好的三合院、四合院，是洪雅最美的建築記憶。

江蘇 · 南京

# 夜上海大酒店（景楓店）

來夜上海品嘗當季海鮮，體驗南京人的盛情款待

夜上海 · 景楓店隸屬於大型品牌餐飲集團南京夜上海餐飲有限公司，旗下擁有六大品牌：夜上海、名湖美景、龍景國品、同撈灣、夏記江鮮小館、文三酒肆，共20餘家中高端餐飲店，佔據了南京中高檔商務餐飲行業的龍頭地位，成為南京人盛情款待的最佳選擇。海鮮雖好，只吃當季！活的未必能新鮮，新鮮未必是當季。只有當季，才是海鮮的本來味道。夜上海當季尋鮮團，踏遍五湖四海，歷經春夏秋冬，用心尋找當季優質海鮮食材，只為讓您在對的時間吃到對的海鮮！

**推薦菜品：**

❶蒜蓉粉絲蒸帝王蟹 ❷刺身加拿大象拔蚌 ❸蒜蓉粉絲蒸蝦夷扇貝 ❹鮑魚撈飯 ❺乾燒遼參

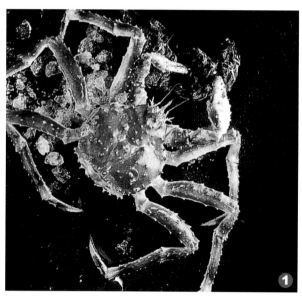

**體驗資訊：**

地址：南京市江寧區雙龍大道 1698 號景楓廣場 5 樓

訂餐電話：025-86155757

人均消費：185 元人民幣

付款方式：√現金 √微信 √支付寶 √銀聯

座位數：大廳約 400 位，各式包廂 39 間

停車資訊：√自有停車位，約 200 個

江蘇 · 南京

# 多哩小館

菜品豐富，服務熱情

品牌由來：我是傳說中那只愛吃的小恐龍，我的名字叫多哩，03 年媽媽把我帶到這個世界上，我一天天的長大，現在我已經 14 歲啦，我愛我的媽媽，愛我的小夥伴，也愛每天來看我的你們呦。告訴你們一個好消息吧，我馬上就要有小妹妹啦，不過還在我媽媽的肚子裏哦！

**推薦菜品：**

❶豆花腰片 ❷肥腸魚 ❸沸騰魚 ❹口水雞 ❺酸湯肥牛

**體驗資訊：**

地址：南京市中山東路 300 號長髮中心 4 幢一樓商鋪

訂餐電話：025-84401477

人均消費：70 元人民幣

付款方式：√現金 √微信 √支付寶 √銀聯

座位數：大廳約 43 位，各式包廂 3 間

停車資訊：√周邊公共停車位 √周邊私人收費停車位

江蘇 · 南京

# 金陵曉美椒麻雞

健康美味藤椒菜

南京翰桐餐飲管理有限公司是一家中式餐飲連鎖企業，主要經營「金陵曉美」品牌，產品有椒麻雞、養生粥、木碳全羊館、中式速食的一系列連鎖專案，目前版圖跨北京、上海、深圳、南京、西安等地，以「良心品質、健康美食、統一管理」為經營理念，多次榮獲各項大獎，並獲得了餐飲行業「中國加盟產業金獎」的榮譽稱號。

**推薦菜品：**

❶椒麻雞 ❷椒麻魚 ❸椒麻肥牛 ❹椒麻牛百葉 ❺椒麻基圍蝦

**體驗資訊：**

地址：南京市秦淮區洪武路 119 號 -13 號

訂餐電話：18994087111

人均消費：35 元人民幣

付款方式：√現金 √微信 √支付寶

座位數：大廳約 24 位

停車資訊：√周邊公共停車位 √周邊私人收費停車位

江蘇 · 南京

# 納爾達斯大酒店

為您的閒暇時光，帶來無限樂趣

是由江蘇納爾達斯酒店管理有限責任公司投資管理的一家集餐飲、住宿、會議、娛樂為一體的多元化商務酒店。餐飲以淮揚、海鮮為主，擁有各式包廂。舒適整潔的客房，精緻、大氣的裝修設計風格，設施全備的大小會議室，以及完善的康樂設施，讓每位入住賓客，體驗尊貴之旅。

**推薦菜品：**

❶藤椒汁牛仔骨打邊爐 ❷藤椒口條 ❸藤椒汁猴頭菇 ❹藤椒南美蝦 ❺藤椒牛鍵

**體驗資訊：**

地址：南京市江寧區分岔路口宏運大道 1890 號

訂餐電話：025-52159777、025-52159789

人均消費：100-200 元人民幣

付款方式：√現金 √微信 √支付寶 √銀聯

座位數：大廳約 1000 位，各式包廂 20 間

停車資訊：√周邊公共停車位 √自有停車位約 150 個

江蘇 · 常州

# 廣緣大酒店（緣系酒店集團）

有緣有情有義，同心同德同贏

緣系酒店集團在常州已有近二十年悠久歷史，是常州人心目中的家，同時也是常州百姓首選的大型宴請場所。自 2000 年起，公司開始用「緣」字來命名自己的企業，比如紫緣，紫氣生緣；廣緣，廣結善緣；如緣，如是前緣；久緣，久久情緣；家緣，齊家盛緣；來緣，永結來緣等等。到目前緣字型大小企業的數量達到了 12 家，每一個下屬企業、每一處店名，雖然釋義上都各有側重、不盡相同，但從中反映的意識形態、價值取向、經營理念卻無一例外地體現了「緣緣相生」的深刻道理和內涵。「和諧企業、眾緣和合」就是公司矢志不渝的執著追求；「有緣有情有義，同心同德同贏」就是公司和諧共進的基礎保證。

**推薦菜品：**

❶老鹵醬鴨 ❷紅燒青魚劃水 ❸香糟扣肉 ❹棗泥網油卷 ❺傳統爆雙脆

**體驗資訊：**

地址：江蘇省常州市天寧區麗華北路 2 號

訂餐電話：0519-81291677

人均消費：135 元人民幣

付款方式：√現金 √微信 √支付寶 √銀聯

座位數：大廳約 600 位

停車資訊：√自有停車位，約 60 個 √周邊私人收費停車位

浙江 · 杭州

# 名人名家

十八年杭州知名餐飲企業，打動老百姓的餐飲名家

創始於 1999 年，發展至今是一家擁有「名人名家」、「名家廚房」、「名家海鮮工坊」、「名家蒸翻天」、「UNCLE5」5 個餐飲品牌，計 21 家直營門店的專業餐飲娛樂投資機構。在杭州共有 13 家直營門店，分佈在杭州東西南北中各個區域，無論您在哪裡，無論您想要在哪裡開啟您的美食之旅，名人名家就在您身邊。

**推薦菜品：**

❶剁椒香芋蒸仔排 ❷藤椒美極元寶蝦 ❸蒜香避風塘牛蛙 ❹椒麻石鍋肥牛 ❺麻辣水煮川腰花

**體驗資訊：**

地址：杭州市文二路 38 號文華大酒店 4 樓 401 室

訂餐電話：0571-88837656

人均消費：150 元人民幣

付款方式：√現金 √支付寶 √銀聯 √ VISA

座位數：大廳約 30 位，各式包廂 20 間

停車資訊：√自有停車位

浙江 · 杭州

# 椒色川味餐廳

川之味，狠椒色！

椒色是杭州愛辣餐飲旗下的主打川菜品牌，愛辣餐飲旗下現有椒色、小味道、串騷、甬正麻辣香鍋四大知名餐飲品牌。對傳統川菜進行重油重辣的改良，追求少油少鹽健康飲食，也對傳統川菜的靈魂進行了深度的發掘。為提升顧客的口感體驗，只用一次性油和 3 道程式淨水系統作為基礎，全面提升品質的品牌經營理念。

**推薦菜品：**

❶椒色沸魚 ❷椒色酸菜魚 ❸潑辣酸菜鱸魚 ❹味道口水雞 ❺串香上上簽

**體驗資訊：**

地址：杭州市濱江區寶龍城市廣場 4 樓

訂餐電話：0571-87390959

人均消費：65 元人民幣

付款方式：√現金 √微信 √支付寶 √銀聯

座位數：大廳約 110 位，各式包廂 2 間

停車資訊：√周邊私人收費停車位